大豆产地溯源技术

王　霞　鹿保鑫　张东杰　著

哈尔滨工程大学出版社
Harbin Engineering University Press

内 容 简 介

本书以黑龙江省全程机械化作业的两个大豆产地的种子及土壤为研究对象,通过对两年的大豆有机成分及矿物元素含量进行测定,利用方差分析、主成分分析、聚类分析、判别分析等方法,筛选出溯源特征指标,建立了大豆产地的判别模型,并结合线性判别分析的维度规约和支持向量机算法,开发了基于支持向量机算法的大豆产地判别系统。

全书分上、下两篇,共 12 章,主要包括溯源模型理论分析、基于有机成分含量的大豆产地溯源、基于矿物元素含量的大豆产地溯源、基于有机成分辅助矿物元素含量的大豆产地溯源、大豆产地判别系统的构建、大豆异黄酮含量检测方法的改进等内容。

本书可作为食品及相关专业学生的参考书,也可供从事溯源技术研究的科研人员参考。

图书在版编目(CIP)数据

大豆产地溯源技术 / 王霞,鹿保鑫,张东杰著. —
哈尔滨:哈尔滨工程大学出版社,2020.5
ISBN 978 - 7 - 5661 - 2553 - 8

Ⅰ. ①大…　Ⅱ. ①王… ②鹿… ③张…　Ⅲ. ①大豆 -
产地 - 鉴别　Ⅳ. ①S565.1

中国版本图书馆 CIP 数据核字(2020)第 076514 号

策划编辑　刘凯元
责任编辑　张　昕
封面设计　李海波

出版发行	哈尔滨工程大学出版社
社　　址	哈尔滨市南岗区南通大街 145 号
邮政编码	150001
发行电话	0451 - 82519328
传　　真	0451 - 82519699
经　　销	新华书店
印　　刷	北京中石油彩色印刷有限责任公司
开　　本	787 mm × 1 092 mm　1/16
印　　张	12.25
字　　数	313 千字
版　　次	2020 年 5 月第 1 版
印　　次	2020 年 5 月第 1 次印刷
定　　价	53.00

http://www.hrbeupress.com
E-mail:heupress@ hrbeu.edu.cn

前　　言

大豆是我国重要的经济作物之一,在我国种植历史已经有七千多年。作为食用植物油和饲料蛋白的主要来源,大豆在农业生产中占有重要地位。大豆产业的发展不仅关系到种植户的收入,而且影响到整个产业链上相关主体的利益,对于保障国家粮食安全、维系广大人民群众的生产生活具有十分重要的意义。一段时期以来,受国际市场冲击,我国大豆种植面积和产量双双下跌,对外依存度居高不下。为解决国产大豆生产供给矛盾,自2015年起,国家开始调整农作物种植结构,调减玉米种植面积,扩大大豆及其他杂粮种植面积,提高单产水平,改善产品品质,延伸产业链条,努力增加大豆有效供给。然而,我国每年大豆年产量远远不能满足需求,仍有70%以上的缺口。因此,提高我国大豆种子质量和生产水平是掌握粮食安全主动权的关键。

黑龙江省是我国大豆主产地,大豆年产量占全国总产量的40%以上。在气候环境和特定地理位置的综合因素影响下,该产地的大豆具有特定的地理特征和产品品质,且全部为非转基因种质,在国内市场上占有重要地位。2015年以后,黑龙江省大豆种植面积和产量呈现逐渐上升的趋势,但由于转基因大豆及进口大豆的冲击,该省的大豆的产地、品种及大豆制品资源优势仍不明显。

溯源是指从供应链下游向上游识别一个特定产品或一批产品来源的过程。食品产地溯源,即识别食品原产地的过程,用以明确市场销售食品来自何地。食品产地溯源可通过纸笔、电子标签、耳标等跟踪信息的方式实现;在跟踪信息丢失或伪造的情况下,可通过稳定同位素指纹分析、矿物元素指纹分析、红外光谱指纹分析和有机成分指纹分析等溯源技术实现产地溯源。

产地溯源可以对具有地理标志的产品以及针对地区名优特产品起到判别产地真伪和保障安全的作用。大豆现代化生产过程中的耕整地、播种、施肥、田间管理和收获环节的农业机械化过程,为大豆稳产、高产、统一管理及产地溯源的规范化奠定了良好的基础。

本书以黑龙江省全程机械化作业的两个大豆产地的种子及土壤为研究对象,通过对大豆中宏量营养素、大豆异黄酮及矿物元素的含量测定,利用方差分析、主成分分析(PCA)、聚类分析、判别分析等方法筛选出溯源特征指标,建立了大豆产地的判别模型。结合线性判别分析(LDA)的维度规约和支持向量机(SVM)算法,开发出了基于支持向量机算法的大豆有机成分及矿物质的产地判别系统。期待本书的研究可为保持大豆原产地和种质资源优势,提高我国大豆种植和加工业整体水平尽微薄之力。

本书得到了黑龙江省应用技术研究与开发计划重大项目(龙江大豆品牌安全与产品溯源支撑技术的研究(GA18B102))、黑龙江农垦总局重点科研项目(基于 DNA 和营养指纹图谱的黑龙江垦区大豆溯源技术研究(HKKYZD190803))、黑龙江省农产品加工与质量安全重点实验室、大庆市食品加工质量与安全重点实验室的支持。

全书共 12 章,其中前言、第 1 章、第 2 章、第 7 章、第 8 章、第 9 章、第 10 章、第 11 章、第 12 章由黑龙江八一农垦大学王霞撰写;第 3 章、第 4 章、第 5 章由黑龙江八一农垦大学鹿保鑫撰写;第 6 章由黑龙江八一农垦大学张东杰撰写。

感谢参与研究工作的阮长青老师及马楠、刘文静同学。

鉴于著者的学术水平及研究能力,书中难免有不妥之处,恳请读者批评指正。

著　者

2019 年 12 月

目　　录

上篇　有机成分辅助矿物元素含量的大豆产地溯源

下篇　大豆中异黄酮产地溯源研究

上　篇

有机成分辅助矿物元素含量的大豆产地溯源

　　本篇以黑龙江省大豆产地的大豆种子为研究对象,通过对大豆有机成分及矿物元素含量的测定,利用方差分析、主成分分析、聚类分析、判别分析等方法筛选出溯源特征指标,建立了大豆产地的判别模型,并结合线性判别分析的维度规约和支持向量机算法,开发了基于支持向量机算法的产地判别系统。本篇共6章,内容涵盖溯源模型理论分析、基于有机成分含量的大豆产地溯源、基于矿物元素含量的大豆产地溯源、基于有机成分辅助矿物元素含量的大豆产地溯源、大豆产地判别系统的构建等。

1　绪　　论

1.1　研究的目的和意义

　　大豆是我国重要的经济作物,同时也是我国主要的油料作物之一。黑龙江省是我国大豆的重要生产基地,大豆产量占全国的40%以上,黑龙江省的大豆均产自土壤肥沃、质地优良的黑土地,且全部为非转基因种质,在豆制品加工业和国内市场上占有重要地位。2014年黑龙江省大豆种植面积达到3 815.1万亩(1亩≈666.7平方米),总产量为406.4万吨。2015年大豆种植面积减少25%左右,但在“镰刀弯”地区玉米结构调整政策和大豆价格补贴政策的影响下,2016年黑龙江省大豆种植面积呈现恢复性增长,至4 822.05万公顷(1公顷=1万平方米),较2015年种植面积增长36.52%。整体上黑龙江省大豆种植面积和产量呈现先下降后上升的趋势,但是由于转基因大豆及进口大豆的冲击,大豆与其他农作物的比较优势越来越不明显,这导致了农民种植大豆的积极性降低,从而影响了大豆的生产效益。

　　大豆因其丰富的蛋白质与矿物质含量对人机体免疫、骨骼发育、抗氧化和抗衰老等有重要作用,它是维持人类生存和成长的重要物质。但大豆及其制品在生产、加工、储存和运输过程中,一些企业或个人为了牟取暴利生产假冒伪劣食品,人为地进行造假掺“毒”。尤为严重的是,大豆制品经过长时间、远距离的运输,再加上大范围销售使得发生微生物污染的可能性增大,这些因素均为大豆及其制品的质量安全问题埋下隐患。为了使广大消费者能吃上放心的、安全的非转基因大豆及其制品,使大豆在生产与销售过程中透明化,对大豆进行品牌的塑造是必要的,而黑龙江省作为主要的非转基因大豆的净土,对其品牌的塑造及溯源系统的制定也是势在必行的。

　　在大豆品牌经营方面,黑龙江省大豆品牌存在重炒作、轻建设,品牌开发创新不足,品牌管理人才匮乏,品牌“近视症”,品牌鉴定技术总体水平较低等问题。尤其是利用大豆中的生物特征成分标记的大豆品牌建设,目前仍处于空白或刚刚起步阶段。研究大豆品牌保护、鉴定和相关技术,建立基于黑龙江省主产大豆矿物元素及其有机成分的产地溯源数据库是非常必要的,对黑龙江省大豆产品安全控制体系和确证体系的发展具有重要的意义,也可为打造黑龙江省“龙江非转基因”品牌提供数据支持。

　　溯源技术早已在我国畜产品及农产品中有所应用,如近红外光谱分析、重金属分析、矿物元素分析、有机成分分析、无线射频识别、近红外光谱分析结合簇类独立软模式法等。这些溯源技术主要对农产品中含有的特征元素进行跟踪分析。大豆中的脂肪、蛋白质、灰分、可溶性总糖及矿物元素等生物特征被认为是粮食产地溯源比较有效的特征指标,尤其是在植源性农产品的产地溯源方面应用较广泛。有机成分分析技术和矿物元素指纹图谱技术在农产品产地溯源方面已经开始应用,由于大豆内部特征元素是由其周围环境中的矿物元素决定的,因此,矿物元素在农产品中具有特异性和唯一性;而大豆中的有机成分含量也随着产地的不同有显著差异。针对目前黑龙江省品牌大豆种植区对其种植品种进行生物特征物的提取、鉴定,并建立指纹图谱数据库和标准,将有力促进黑龙江省大豆品牌保护和食品安全,对大豆种植和加工行业发展也会起到促进作用。

2015年,黑龙江省大豆种植区主要在黑河地区,其中黑龙江农垦北安管理局(以下简称北安)和嫩江中储粮北方农业开发有限公司(以下简称嫩江)是其中两个最重要的产地,这两个地区土壤和气候条件非常适合优质大豆的种植和机械化生产,大豆生产过程中的耕整地、播种、施肥、田间管理和收获等环节均已实现了全程机械化。

随着国家对粮食安全和食品安全的重视,我国的大豆品牌保护以及产地溯源成为今后的研究趋势。但目前我国大豆生产存在着产地溯源技术不完善、品牌保护技术缺失等问题。要做好大豆产地溯源必须对大豆生产产地环境、种植农艺过程、贮藏与加工、物流运输、销售、第三方品质监控及政府监管等各个环节进行监控。大豆生产过程中的耕整地、播种、施肥、田间管理和收获环节的农业机械化过程,为大豆稳产高产、统一管理,以及产地溯源的规范化奠定了良好的基础。

大豆中具有丰富的营养物质,除可为人体的生长发育提供充足的磷脂和植物蛋白成分外,还含有异黄酮、低聚糖、皂苷、多肽等多种满足人体需求的生物活性物质。其中,异黄酮是大豆中重要的功能因子之一,在大豆中所占比例为0.1%~0.5%。大豆中的异黄酮具有与雌激素相似的生物学活性,可减轻妇女更年期综合征,具有防癌抗肿瘤、降低胆固醇、降低血脂、强化骨骼和抗氧化等多种对人体有益的功效。因此大豆制品逐渐受到人们的青睐,在人们的日常生活中占有重要位置。美国、日本等许多国家把具有这种双酚类结构的异黄酮物质作为添加剂添加到保健食品、医药产品和功能性辅助剂中,使得大豆异黄酮在众多领域中得到广泛应用。

大豆异黄酮生物特征在特定环境的大豆中具有唯一性和特异性,具有保真和稳定的鉴别特点,可作为判别产地的溯源指标。周艳分析了来源于不同产地大豆中的异黄酮含量,发现东北地区大豆异黄酮含量高于南方。这说明产地不同,异黄酮含量也不相同。沈丹萍对不同产地大豆中的异黄酮含量进行了分析,揭示了大豆中的异黄酮单体含量具有产地特征。对不同产地、不同品种大豆中的异黄酮单体进行含量特征的化学计量学分析,可作为判别大豆产地溯源的有效方法。但目前利用大豆中的特征成分标记的大豆品牌追溯体系建设还不够完善。

探寻表征不同产地来源大豆的异黄酮特征指标是大豆产地溯源分析的主要手段。张海军基于高效液相色谱法检测技术对东北地区主栽大豆品种籽粒中异黄酮含量进行分析比较,揭示了不同产地的大豆异黄酮含量的差异性,结果表明,黑龙江省大豆异黄酮的含量高于吉林省、辽宁省和内蒙古自治区等产地。Kim等研究了美国、中国和韩国不同产地大豆中的大豆异黄酮和大豆皂苷等酚类物质,其中韩国大豆中的异黄酮含量最高。Kim等利用高效液相色谱法检测了来自中国、日本和韩国大豆中的12种大豆异黄酮的多样性(44个品种),利用偏最小二乘法判别分析和聚类分析等数据分析方法进行分析,结果表明,各品种之间的差异较小,但CS02254品种与其他品种可以区分。陈寒青通过高效液相色谱法检测了我国11个省的红车轴草中7种主要异黄酮单体含量,结果表明,7种异黄酮单体含量随着产地变化比较显著。这说明异黄酮作为溯源特征指标具有可行性。而品种和种植的环境对大豆异黄酮的组成成分和含量分布也具有影响。

因此,保护和提升黑龙江省大豆品牌优势和大豆品质安全,保护原产地的种质资源,利用大豆异黄酮单体特征指标进行产地溯源对提高黑龙江省大豆种植和加工业整体水平十分重要。

北安下设 15 个农场,耕地面积 440 万亩,全局农用机械总动力 21.9 万千瓦,综合机械化率达 95% 以上,种植大豆面积达到 260 万亩;嫩江现有耕地面积 50.3 万亩,种植大豆35 万亩。这两个地区是目前黑龙江省大豆的主产地,在这两个地区的大豆种植过程全部实现了农业机械化作业,并执行两个"六统一"制度。一是农机"六统一",即统一作业、统一管理、统一价格、统一检修标准、统一作业标准、统一核算。二是农艺"六统一",即统一轮作、统一供种、统一供肥、统一农艺标准、统一新技术运用、统一植保措施。实行两个"六统一"保证了农艺和农机过程的标准化,为大豆产地溯源奠定了良好基础。

本书的研究首先对北安和嫩江两个产地种植的大豆品种进行调查研究并采集大豆样本,利用有机成分指纹分析技术找出不同产地大豆中的特征有机成分,利用矿物元素指纹图谱技术找出大豆中的特征矿物元素;另外还采用高效液相色谱技术对大豆中的异黄酮含量进行分析并找出大豆异黄酮单体特征指标;探究了产地、品种、年际及其交互作用对大豆特征指标的影响,探究了不同产地大豆及对应土壤中矿物元素的相关关系;综合 3 种技术提取的特征指标构建黑龙江省大豆产地溯源数据库,从而给黑龙江省大豆产地溯源提供一种独立的、科学的、不可改变的,以及跟随其整个流动链的身份判别信息。

1.2　国内外研究进展

1.2.1　农产品产地溯源追溯技术的国内外研究动态与趋势

20 世纪 80 年代,国内外的研究人员就相继开展了对农产品产地溯源技术的研究。关于食品产地溯源技术的研究相对较多,研究人员依据农作物的来源不同、矿物质含量、有机成分和挥发性成分等存在的差异,建立了多种溯源方法,在食品产地溯源中发挥着不同作用。近年来主要的溯源技术包括稳定性同位素指纹分析技术、电子鼻分析技术、有机成分指纹分析溯源技术、矿物元素指纹图谱溯源技术、脂肪酸指纹分析技术和生物溯源技术等。此外,化学计量学方法也在溯源中具有重要的作用。

1. 稳定性同位素指纹分析技术的研究进展

稳定性同位素指纹分析技术是根据不同地区的同位素存在的差异来反映食品内部所处的环境信息差异的一种技术,该技术不仅可以直接判断产品的来源地,还能够作为一种监督、检查的手段,确证产品是从认证的有机土地上生产的,也能够确认标签上的声明以及可追溯文档的准确性。在所有的同位素元素中,H、O、N、C、S、B、Sr 和 Pb 能够作为食品产地溯源技术中常用的同位素。同位素的含量以及组成比例会受到气候、地形、土壤和生物代谢类型等因素的影响,如 H 和 O 两种同位素与当地的水质有一定的联系,因此在相似的环境中如果降水量存在差异,其同位素的变化规律也存在较大的差异;同样,N 同位素会受到环境以及土壤中氮肥的影响,不同的土地会因为施肥量的不同导致 N 含量存在一定的差异;C 同位素易受植物光合作用和环境两种因素的共同影响而有所差异;S 受外界环境影响较大且变化不规律;Sr 同位素在土壤中含量较少,但判别效果较好。因此,采用稳定性同位素指纹分析技术对产品产地进行分析是一种有效的产地分析技术。

同位素指相同的元素因具有不同数量的中子而使其具有不同的原子质量数;而不一样的同位素带有相同的电子和质子。轻核同位素与重核同位素是稳定同位素的两种类型,其中轻核同位素中最常见的有$^2H/^1H$、$^{13}C/^{12}C$、$^{15}N/^{14}N$,而$^{18}O/^{16}O$、$^{34}S/^{32}S$比较少见;重核同位素中常见的有$^{87}Sr/^{86}Sr$,比较少见的有$^{206}Pb/^{204}Pb$、$^{207}Pb/^{204}Pb$、$^{208}Pb/^{204}Pb$、$^{143}Nd/^{144}Nd$。该技术以环境、生物代谢类型、土壤、气候及饲料种类等因素对生物体内稳定同位素的影响而产生自然分馏效应为基础,在生物体与外界发生理化和生化反应的同时,导致生物体内某种元素的重核同位素和轻核同位素可测量比值发生变化,从而使不同环境的物质存在同位素丰度的自然差异,而这种自然差异可携带环境因子的信息,因此反映出生物体所处的环境。该技术正是利用这一原理实现的食品产地追溯。

在同位素的研究中,日本学者的研究相对较早,Suzuki等用稳定性同位素指纹分析技术研究了日本等大米的$\delta^{13}C$、$\delta^{15}N$、$\delta^{18}O$、δD的特点,Korenaga等测定了美国、澳大利亚、泰国大米中碳氮稳定同位素丰度以及越南、巴基斯坦、印度、法国、西班牙、意大利等地大米的$\delta^{13}C$。随后,Horacek等利用稳定性同位素指纹分析技术对来自澳大利亚、韩国、新西兰、美国和墨西哥等不同产地的牛肉样品进行分析,发现不同产地牛肉样品中同位素比值有显著差异,证明稳定性同位素指纹分析技术用于牛肉产地溯源是可行的。Brescia通过对来自阿普利亚两个地区的乳样中金属元素Fe、Ba、Cu、Mn、Zn及C、N同位素的测定来研究利用矿物元素组成能否判断其来源,结果发现同位素以及金属元素Ba的含量是最有力的判别指标。Federica等研究稳定性同位素丰度值在生肉制品和腌肉制品中的可追溯性,发现大气水的同位素组成和膳食植物中的C4可以区分意大利和西班牙火腿,有助于跟踪整个火腿生产和加工过程。Suzuki等研究了日本和中国不同产地的苹果,发现$\delta^{13}C$和$\delta^{18}O$两种同位素具有潜在的实用价值,可用于区分日本和中国不同产地的苹果。Bontempo等对番茄产地进行追溯,利用$\delta^{34}S$、$\delta^{15}N$和$\delta^{13}C$ 3种同位素对来源于意大利3个产地超过95%的番茄产品实现正确区分。Mihailova通过对施用有机肥料和合成氮肥的生菜、番茄、马铃薯进行研究,发现$\delta^{15}N_{NO_3}$和$\delta^{18}O_{NO_3}$的含量可作为有机食品的有效判别指标,正确率高达84.8%。Scampicchio等对意大利不同地区不同热处理方式的牛奶及其组分(乳清、酪蛋白、脂肪)中$\delta^{15}N$和$\delta^{13}C$值进行测定,结果表明,不同热处理方式的牛奶$\delta^{15}N$、$\delta^{13}C$值存在显著差异;然后对试验结果进行主成分分析、线性判别分析等处理,从而建立判别模型,经过验证该模型对不同加工类型、不同地域牛奶样品均可有效判别,正确判别率达100%。公维民等采用元素分析仪——稳定同位素比率质谱仪对我国由北到南6个省的10种大米的$\delta^{13}C$和$\delta^{15}N$值进行检测,结果表明,我国南方大米的$\delta^{13}C$值低于北方大米,但南北方大米的$\delta^{15}N$均值基本相同且小于4‰,符合施化肥大米的特征。Chen等利用稳定性同位素指纹分析技术对富锦和武昌不同产地的水稻进行分析,发现$\delta^{13}C$、$\delta^{15}N$和$\delta^{18}O$分布不同。$\delta^{18}O$和δD可以区分水稻种植产地。王磊研究发现牛乳中同位素与牛所处的生活环境有关,牛乳中$\delta^{18}O$具有产地特征信息,可以判别牛乳的产地。稳定性同位素指纹分析技术因其不断发展,试验仪器逐渐成熟,也渐渐被应用到实际农产品追溯方面,逐渐成为农产品追溯过程中不可或缺的技术之一。

2. 电子鼻技术的研究进展

20世纪90年代,电子鼻技术开始兴起,它是一种可以模拟人工嗅觉系统的智能电子仪器,主要分为气味取样操作器、气体传感器阵列、信号处理系统3部分。其属于融合传感器、计算机及应用数学等多个学科领域的综合性检测技术,广泛应用于食品检测、农产品检测、医药、轻工业、军事等方面。电子鼻技术在农产品检测领域的应用主要集中在果蔬的新鲜度和成熟度检测、农产品分级、食品加工过程监测和食品品质预测等。其中电子鼻的气味取样器是以人类的鼻子作为参照物,模仿其各种生理组成性能进行取样;由气味传感器对采集到的不同气味分子进行再处理,使之形成预处理信号;最后,选择系统对信号进行鉴别、划分和确认。由于不同的气味对应不同的响应谱,因此,可以将这些指纹响应谱构建成食品质量追溯体系。电子鼻技术应用范围较广,但主要还是应用于食品货架期分析、食品成熟度和食品品质分析方面。

电子鼻技术具有检测速度快、重复性好、操作简单、成本低、样品前处理简便等优点,在农业领域具有广阔的应用前景。但电子鼻获取的是样品中挥发成分的整体信息,即气味的"指纹数据",不能对其中的具体成分进行定性或定量分析,传感器与样品中气味物质之间的相互作用机制以及传感器响应值变化的内在物质基础还不清楚,且气味物质易发生变化,该技术的稳定性还有待研究。

在采用电子鼻技术对样品进行溯源分析时,常将电子鼻技术与其他技术相结合,增加分析结果的准确性与判断率。Kovács 等采用电子鼻和电子舌结合技术研究了不同海拔的茶叶样本,并且很容易追溯到各个茶叶样本的原产地。此外,Cynkar 将电子鼻技术和多元统计学方法相结合,构建判别模型,对西班牙和澳大利亚的葡萄酒样本进行分析检测,两产地鉴别的准确率分别可达 86% 和 85%。意大利波罗尼亚大学 Cellini 等于 2010 年使用电子鼻和气相色谱 - 质谱联用技术(GC-MS)研究了两种葡萄藤受损伤的情况,采用线性判别分析方法区分健康和被病菌侵害的葡萄藤,准确率为 83.3%。曹森等采用电子鼻技术结合顶空 - 固相微萃取 - 气相色谱 - 质谱联用技术对不同采收期天麻样品的芳香品质进行分析与鉴别,结果表明,电子鼻技术能够有效对不同采收期的天麻成分进行区分。Tan 等采用二氧化碳、乙醇及电子鼻三种挥发物感测系统对顶部空间的气体样品以及柑橘内部气体样品进行检测,以判断柑橘样品的冻害率,结果表明,电子鼻感测系统通过测定顶部空间的气体样品来区分橘子是否有冻害的准确率为 73% 及 74%,通过测定柑橘内部的气体样品来区分柑橘是否有冻害的准确率为 70% 及 67%。相较于二氧化碳及乙醇感测系统,电子鼻感测系统判别准确率更加均衡。曾金红等结合多元统计法,利用电子鼻分析检测技术研究黄酒中的风味物质,可以成功判别绍兴产地的黄酒。苗致伟等基于电子鼻以及气相色谱 - 质谱联用技术区分不同陈酿期恒顺香品牌陈醋风味物质的差异性,同时结合主成分分析和载荷分析量化主成分贡献率和样品间风味的区分度,结果表明,电子鼻技术检测 3 种不同陈酿期醋的整体香气物质的区分趋势与 GC-MS 技术检测的具体香气物质结果一致。赵宁等采用固相微萃取 - 气相色谱 - 质谱(SPME-GC-MS)联用技术和电子鼻技术,测定和分析了徐香、海沃德和黄金果 3 个品种猕猴桃所酿造酒中的香气物质,结果表明,3 种猕猴桃酒共含有 63 种挥发性香气物质,且不同猕猴桃酒间香气特性有较大差异。范霞等利用带有 10 只不同金属氧化物传感器的电子鼻对 5 种茶叶进行品种分类,采用主成分分析、线性判别分析和负荷加载分析(loading analysis)对样品进行分析,结果表明,主成分分析和线性判别分析得到了较好的结果,识别率分别为 97.99% 和 97.69%。裴高璞等利用电子鼻技术结合判别因子分析方法分析了蜂蜜和假蜂蜜(指加入不同含量的油菜花蜜和大米糖浆)的气味,鉴别准确率高达 94.7%。电子鼻技术在样品无损检测中也有应用,叶蔺霜研究了电子鼻技术在花生品质无损检测中的可行性,通过带壳花生的电子鼻信号来预测花生内部品质。研究结果表明,无论是检测带壳花生果还是花生仁样品时,电子鼻都能有效地鉴别新鲜花生、陈年花生和返鲜花生。由酸价和过氧化值检测结果可知,破壳和未破壳样品的理化指标变化趋势大致相同,因此,在进行电子鼻检测时可以使用未破壳的花生果实代替花生仁,从而达到无损检测的目的。赵策等将电子鼻技术与模式识别方法相结合,对石家庄皇冠梨品质进行无损检测,采用电子鼻设备及多种模式识别方法相结合对三个等级腐败程度的无黑核梨进行分类,其分类的准确率可达 95.6% 。类似的还有 Alasalvar 等采用电子鼻技术区分 18 种炒制榛子和自然榛子的研究等。以上结果表明电子鼻技术在指纹响应谱构建食品质量追溯体系中发挥了重要的作用。

3. 有机成分指纹分析溯源技术的理论基础及研究进展

（1）有机成分指纹分析溯源技术的理论基础

有机成分指纹分析溯源技术是除了以上所述的两种常用的溯源方法外,近年来在国内外发展较好,学者研究较多的溯源方法之一。蛋白质、脂肪、维生素、碳水化合物、香气等作为判别有机成分主要指标,其含量易受温度、光照、降雨和土壤等自然环境因素的影响,从而使来自不同产地样品各组分之间的含量存在差异,据此可实现对来源于不同产地的样品进行判别。有机成分指纹分析溯源技术的原理是依据农产品在不同产地有机成分含量的差异,且不同产地有其各自的有机成分含量特征,从而形成具有不同产地特征的营养元素指纹图谱。

有机成分能够较直观地呈现食品的地域品质特征,对地区名优特产品的营养品质区分和鉴别具有重要作用,但该技术操作烦琐,且易受产品贮存环境影响,致使利用有机成分进行产地溯源存在一定的局限性。袁建等研究发现,储存两个月的小麦粉挥发性成分中变化较明显的有庚醛、苯甲醛、辛醛、2－壬醛、己醇、十二烷、十六烷和十八烷,各挥发性成分总含量顺序未变化,为烃类＞醛类＞醇类＞酮类,醛类增加 2.19% ,烃类增加 79.04% ,不同储藏温度条件下的小麦粉总挥发物含量差别不大。可见,在建立基于有机成分的产地判别技术时,需要深入了解有机成分在食品中的变化规律,筛选出有明显地域差异且较为稳定的指标,提高判别模型的稳定性及适用性。

（2）有机成分指纹分析溯源技术的研究进展

有机成分指纹分析技术在国外已经得到应用,Ayerza 等发现蛋白质和 $\omega-3\alpha$ 亚麻脂肪酸在产地间具有差异性,可用于茨欧鼠尾草的溯源分析。Jeon 等利用亚油酸、油酸、棕榈酸 3 种脂肪酸,以及芝麻素、芝麻林酚素、芝麻酚 3 种木质素对韩国、中国和印度不同产地的芝麻油进行鉴别,结果显示,97.6% 的样品被准确区分。Molkentin 等利用脂肪酸成功将有机养殖、水产养殖和野生的鲑鱼区分。Gioacchini 等对意大利 7 个地区的白松露的挥发性有机化合物进行了产地溯源分析,发现除遗传因素外,环境因素也影响挥发性有机物的形成,可以利用挥发性物质的特征指标进行产地分析。Cajka 等利用线性判别分析和具有多层感知器的人工神经网络识别能力对橄榄油中挥发性成分进行判别分析,正确判别率分别达到 90.1% 和 81.1% 。Cajka 等利用基于神经网络产地识别模型区分挥发性物质,对法国的科西嘉岛和其他欧洲国家的蜂蜜进行产地溯源,所建立的模型对蜂蜜样品的分类准确率达到 96.5% 。Diraman 等采集了 286 个来自 2001 和 2002 年,2002 和 2003 年不同地域的橄榄油样品,对其脂肪酸含量进行分析检测,得出 2001 和 2002 年,2002 和 2003 年正确判别率分别为 74.5% 及 74.8% 。Longobardi 等对来自希腊爱奥尼亚群岛纯净的橄榄油组分进行分析,发现脂肪酸、甘油三酯、固醇的正确判别率分别为 69.8% ,76.7% ,62.8% 。Jin 等对不同产地来源的大豆异黄酮等大豆营养成分进行分析,发现大豆异黄酮含量在韩国、美国、尼泊尔、中国和日本等不同国家之间具有显著性差异。Nescatelli 等研究酚类成分对橄榄油进行追溯,结果表明,香草酸、对香豆素、木樨草素、松脂酚、乙酰松脂醇、芹菜素、木樨草素等次生代谢物在追溯标记中起着重要作用。Geana 等利用高效液相色谱法对法国罗地亚葡萄酒中 7 种酚类化合物成分鉴别分析,发现 7 种次生代谢产物中(+) – 儿茶素、(–) – 表儿茶素、对羟基肉桂酸、阿魏酸和白藜芦醇是葡萄酒来源和品种鉴定的有效指标。Longobardi 等利用顶空固相微萃取 – 气质联用和同位素比率质谱仪,对意大利 3 个不同产地(Sicily, Apulia, Tuscany) 土豆样品中 32 种挥发性成分及 C、N、O 同位素进行测定,发现其中有15 种挥发性成分及所有同位素均具有显著的地区差异($P < 0.05$),判别分析表明,挥发性成分与同位素测量技术组合可获得 100% 的正确判别率,其中单独对挥发性成分或同位素的正确判别率均为 91.7% 。近年来,蜂蜜因其独特的天然有机成分、产地来源及品质特征成为国际学者关注的焦点,Castro – Vázquez 等通过研究发现,来自西班牙不同地域蜂蜜样品中的挥发性成分存在显著的地域差异,乙基丁酸、癸酸乙酯以及苯类衍生物因其含量较高作为西北部地区蜂蜜的有机指标,γ – 戊内酯、γ – 丁内酯及丁香酚的含量也作为东北部地区蜂蜜的有机指标而显著高于其他地区,东南地区蜂蜜的香芹酮含量最高,不同地区的蜂蜜样品可根据多元统计分析被成功区分。

　　在国内,范文来等对酱香型、浓香型、清香型 3 种白酒原酒中的 38 种微量成分进行分析,结果显示,微量成分作为不同香型白酒的分析指标存在显著差异,不同香型的白酒可采用聚类分析进行区分。石明明等对陕西不同产地(安康、汉中和商洛) 绿茶中 6 种不同的活性成分进行分析,绿茶经热水提取后采用高效液相色谱法(HPLC) 测定其含量,结果表明,其中 3 个产地中 6 种组分含量差异显著($P < 0.05$)。马奕颜等对来自不同地域猕猴桃的有机成分进行分析比较得出,对猕猴桃产地判别率较高的指标为可溶性固形物、维生素 C、总酸、维生素 E 及总糖,且样品地域、储藏条件等因素均会导致有机成分含量产生差异,而具体原因还需要进一步研究。随后该作者选出 5 份样品,并将样本在 0 ~ 4 ℃的环境下储存 0 d、40 d、50 d 及 60 d,结果显示,储存时间会对猕猴桃内有机成分的变化有一定影响。除了对植源性食品进行溯源外,程碧君采集了来自不同地域的牛肉样品并对其脂肪酸含量进行测量,并购买 9 头 10 ~ 12 月龄的牛犊进行饲喂实验,研究表明,对牛肉脂肪酸组成及含量有显著影响的是牛的饲喂方式、主饲料成分、饲喂期及地域,对有效溯源指标进行筛选时,α – 亚麻酸(α – C18: 3)、肉豆蔻酸(C14: 0)、脂肪酸(C17: 0) 和单不饱和脂肪酸(MUFA) 均被筛选出来。

　　在国内,对于不同品种大豆的有机成分分析方面罗珊等已有相关研究,但是关于利用有机成分指纹分析溯源技术判别大豆产地的报道则少之又少,如常鑫检测了我国 7 省的 70 种主栽大豆中有机成分含量(脂肪含量,蛋白质含量,不饱和脂肪酸含量,饱和脂肪酸、钙、铁、磷的含量,总黄酮和脂肪氧化酶的含量),并对其进行数理统计分析,建立数据库,为不同大豆产品的开发和利用提供数据支持和科学依据。邱强等分别以 2005—2007 年 3 个高脂肪、3 个高蛋白和 3 个普通品种为研究对象,各品种种植在吉林省 6 个生态区。其对各生态区蛋白质、脂肪含量及蛋脂总量进行分析,结果均表现出差异显著。农产品中的有机成分与当地的土壤、空气、水以及播种方式和栽培措施有关、由于受以上因素的影响,不同产地来源农产品中的营养元素的含量各有不同,故该技术可作为农产品产地溯源的鉴别技术之一。近几年研究者们常利用液 – 质联用、近红外光谱分析、气 – 质联用等技术对谷物中有机成分进行检测分析以判别谷物的产地来源。

4. 矿物元素指纹图谱溯源技术的理论基础及研究进展

(1)矿物元素指纹图谱溯源技术的理论基础

一直以来,矿物元素指纹图谱溯源技术是公认的追溯食品产地来源的最有效的方法。受地质环境和人为因素的影响,不同生长环境和来源的物质中矿物元素组成和含量图谱有其各自的特征。矿物元素指纹图谱溯源技术的原理与岩石风化的母质和土壤密切相关,一类地层的岩石背景形成一类的土壤质地,因此不同产地土壤里的矿物元素含量和组成比例等都具有其地理地质的特异性。矿物元素虽然是生物体的基本组成成分,但生物只能通过外界环境摄取得到,自身不能合成;而环境土壤中的矿物质元素含量和组成主要受当地的土壤成分、水质和地质等环境因素影响。因此,由于地理位置不同,生物体矿物元素指纹特征也均不相同。根据生物体内矿物元素含量的不同,可将其分为常量元素、微量元素和痕量元素。通常测定的有常量元素 K、Ca、Na、Mg、P,微量及痕量元素 Cu、Fe、Zn、Al、Co、Ni、Se、Mo、B、Sr、Cr、Rb、V、Ti、Ba、Li、As、Hg、Pb、Cd、Tl、Dy、Er、Pd、Te 等。由于农产品中矿物元素的组成和含量关系在一定程度上可以反映其生长土壤中元素的组成情况,因此,可以通过分析农产品中矿物元素的含量和组成比例,进行农产品产地溯源的鉴定,同时利用方差分析、聚类分析和判别分析等数理统计方法筛选出有效指标,进而建立判别模型和数据库,选出与农产品产地密切相关的元素作为特征性指标进行产地溯源的鉴定。

在进行矿物元素的定量分析时主要利用无机质谱法,经常可以采用电感耦合等离子发射光谱仪(CP-AES)、火焰原子吸收光谱仪(F-AAS)、电感耦合等离子体质谱(ICP-MS)和石墨炉原子吸收分光光度法(GF-AAS)进行分析处理。与其他无机质谱法相比,电感耦合等离子体质谱,尤其是多接收电感耦合等离子体质谱仪(MC-ICP-MS),因其操作简单、检测限度低($10^{-12} \sim 10^{-9}$级别)、测定范围广,同时还具备同位素分析的能力等诸多优点,渐渐成为矿物元素指纹图谱溯源技术应用的最佳仪器。

矿物元素指纹图谱溯源技术具有灵敏度高、分析速度快、定量性好,测定高浓度元素时干扰小、操作简单、信号稳定等优点;其线性检测范围宽、检出限低,能够进行多元素分析,几乎现已知的所有元素均可分析;其还适用于液体、固体等各类样品的分析,分析结果准确性好、基体效应小;还能进行无损分析;一些常用的痕量分析技术具有化学预处理简单、取样量少,可直接分析高黏度液体及固体试样。在一些矿物元素的产地溯源过程中,由于一些显色剂须自身合成后才能使用,对于在火焰中不能完全分解的碱土金属元素和耐高温元素(如 W、B、Ta、V、Mo)以及共振吸收线在远紫外区的元素(如卤素、P、S)都不宜利用该技术进行测定。利用该技术对多种元素进行溯源分析时,存在质谱和非质谱两类干扰,需要采取相应措施(如内标校正、碰撞反应池技术等)消除相应干扰。

利用矿物元素指纹图谱溯源技术进行样品的产地溯源时存在以下几方面的局限性。

a. 矿物元素指纹图谱溯源技术的局限性表现在动物饲料中常会添加一些矿物质添加剂,通常包括 Mn、Se、Zn、Cu 等元素,这些元素会影响肌肉中各元素的含量,进而掩盖地区之间的差别。对于污染元素来说,在地域判别上也存在局限性。一方面,有些污染是暂时性的,随时间而转化;另一方面,有些污染元素如 Pb、Cd、Zn 等只在肝脏、肾脏等内脏器官蓄积,而在肌肉中蓄积量较少,这导致污染区与非污染区差异不明显。

b. 食品中的矿物元素含量受诸多因素的影响,一些关键元素的含量在地域之间通常会有差异,但这种差异并不是固定不变的,如动物在育肥期间常常会更换场所,尤其是对于牛而言,因此检测得出的结论并不一定具有说服力。

c. 利用矿物元素指纹图谱溯源技术追溯农产品的产地时,要想得出比较可靠的结论,则需要同时对多种元素进行综合分析判定,而利用单一元素对农产品产地来源的判别只是个别情况。

d. 矿物元素指纹图谱溯源技术花费较高,样品预处理较复杂、费时,常常需要专业人员来进行操作,如在分析挥发性元素 Hg 时。

因此,在采用矿物元素指纹图谱溯源技术对产品进行产地溯源分析时,须结合其他判别方法,提高该分析技术的准确性与灵敏度。

(2)矿物元素指纹图谱溯源技术的研究进展

目前,利用矿物元素指纹图谱溯源技术对食品进行追溯已经有了大量的研究报道。在国外,1997 年 Baxter 等对来自西班牙和英国 112 个葡萄酒样品中的多种元素进行分析,发现这些元素在区分不同产地来源方面很有效,这是该技术在追溯产地方面的首次应用。在此之后,Rodrigues 等选择了 17 种矿物元素对葡萄牙的 4 个葡萄酒产地的白葡萄酒和红葡萄酒进行判定分析,结果表明,利用某些矿物元素不仅可以鉴别出产地,还能区分出酒种。Yasui 等采用 ICP – AES 和 ICP – MS 测定了来自日本 27 个不同区域 34 份大米样品中的 19 种元素的含量,多元统计分析结果表明,利用 Ca、P、K、Mg、Ba、Ni、Mo、Mn、Zn、Sr、Cu、Rb 和 Fe 13 种元素的含量可将不同产地的大米样品正确归类,而利用 Ba、Ni、Mo、Mn、Zn、Fe、Cu、Rb 和 Sr 9 种元素的含量可以有效区分来自日本 Tohoku、Kanto 和 Hokuriku 地区的大米样品。Kelly 等对来自美国、欧洲和印度巴斯马蒂地区 73 份大米样品进行矿物元素测定,多元方差分析筛选出 B、Gd、W、Rb、Ho、Mg 和 Se 7 种元素作为溯源指标,判别分析表明各元素对样品产地正确判别率为 100%。Anderson 等检测了来自东非、中美洲和南美洲 160 个咖啡样品中的 18 种元素含量,并利用多元统计方法对其进行分类,结果认为多元素分析与分类技术结合能很好地判别咖啡的地域来源。Branch 等分析了来自法国、北美、德国、加拿大等地小麦样品中的矿物元素和同位素含量,利用 Se、Pb、Sr、Cd 和 $\delta^{15}N$、$\delta^{13}C$ 元素 6 项指标可成功区分小麦样品的原产地。Pillonel 等发现来自瑞士、奥地利福拉尔贝格、德国阿尔高地区的奶酪中 Na 和 Mo 的含量有显著区别,这两种元素可以将这 3 个地区的奶酪区分开。Maríap F 等利用葡萄酒中 K、Fe、Ca、Cr、Mg、Zn 和 Mn 共 7 种元素对阿根廷 3 个葡萄酒产地的 11 种矿物元素进行检测分析,对葡萄酒产地准确鉴别率为 100%。Tamaras 等运用 ICP – MS 测定来自印度、斯里兰卡、中国的 103 只茶样(包括黑茶、绿茶、乌龙茶)中多种矿物元素的含量,结果表明,不同产地的茶叶可明显区分,其线性判别分析结果对茶叶原产地判定准确率为 97.6%。Llorent – Martinez E J 等同样利用 ICP – MS 对西班牙地区食用油中的 18 种微量元素进行测定分析,结果发现,PCA 在二维得分投影图中不同类型的食用油能够根据各自不同的特性自动归为一类。Chudzinska 等选择了 15 种判别元素,利用 ICP – MS 对来自波兰的 16 个地区的 3 种不同类型的蜂蜜进行鉴定,构建线性判别分析模型,结果发现,通过此种判别分析方法,可以将这些蜂蜜样品按照类型区分开,准确率可达到 100%。同样,在对商业啤酒的来源进行鉴别分析时,也可以利用 ICP – MS 得到的元素指纹图谱,结合 PCA 和所选样品的特征曲线将所选的 40 个啤酒样品明显区分并且准确率较高。Husted 等试图研究来自 3 个不同地区的 3 种基因型大麦的独特元素指纹图谱,从最初的 36 种元素减少到 15 种元素,多元素分析显示,大麦在不同的基因型之间无区别,这就预示着土壤化学、农业耕种以及气候的影响很大,不能赋予不同基因型之间的独特指纹,这表明可以用多元素分析来追溯产品的产地。Brunner 等对奥地利塞格德地区的 Szegedi Fiiszerpaprika 红辣椒及其他地区红辣椒的多种矿物元素含量进行鉴别分析。研究发现,不同地区红辣椒中的 B、Mg、Ca、Mn、Cu 和 Zn 的含量无明显变化,但稀土元素变异显著,主成分分析发现 Szegedi Fiiszerpaprika 红辣椒与中国、罗马尼亚、意大利、德国、法国、西班牙、塞内加尔的红辣椒有明显区别。意大利卡拉布里亚大学的 Furia 等采集了两个不同品种的特罗佩阿红洋葱,分别采集 120 个和 80 个样品,并测定其中的 25 种元素(包括 9 种镧系元素),使用一系列数理统计学方法,区分两种洋葱品种的预测正确率均超过 90%,可以很好地将获得地理标志保护的特罗佩阿红洋葱与其他洋葱区分开。Jiang 等研究了 274 份不同品种精米中 K、Ca、Na、Mg、Fe、Zn、Cu、Mn 的含量。研究发现,不同品种中 8 种矿物元素的含量也存在明显的差异。Camargo 等选择了来自阿根廷 3 个地区(La Consulta、Esquel、Ushuaia)10 个品种的大蒜样品进行矿物元素含量的测定分析,经主成分分析后,可以筛选得出 Br、Zn、Cr 和 Rb 4 种元素进行大蒜品种的区分;Co、Br、Rb、Fe 和 Cs 5 种元素可进行大蒜样品原产地的区分,并发现对建立溯源模型影响最多的是碱金属。Heaton 等测定了来自欧洲、美洲、澳洲牛肉样品中的 Na、Al、K、V、Cr、Mg、Sr、Fe、Cu、Rb、Mo、Ni、Cs、Ba 及生物样品同位素含量,通过筛选,$\delta^{13}C$、Sr、Fe,以及脂肪中的 $\delta^2 H$、Rb、Se 6 个变量对上述来源的样品正确判别率分别为 78.1%,55.6% 和 91.7%,矿物元素指纹图谱溯源技术在牛羊肉等食品的产地溯源中应用较多,判别效果较好,对原产地的正确判别率在 90% 以上。Bontempo 等利用 ICP-MS 对番茄及其制品(如番茄汁、番茄糊、番茄酱)中 46 种矿物元素含量在生产链中的变化特征进行分析,研究发现,地域差异极其明显($P < 0.01$)的有 Li、Mg、P 等 23 种矿物元素,线性判别分析选出 Gd、La、Cs、Ni、Tl、Eu 等 17 个参数用于建立溯源模型,结果发现,对不同产地的番茄产品进行交叉检验,鉴别准确率均超过 95%,说明在意大利番茄及其制品的产地溯源研究中,矿物元素指纹图谱溯源技术完全适用。矿物元素指纹图谱溯源技术在国外的产地溯源方面已经取得了一些比较显著的成就,特别是在植物源农产品应用方面研究较多且技术相对成熟。

国内对农产品产地溯源方面的研究相对较晚、较少。自 20 世纪 70 年代以来,食品安全问题日益突出,苏丹红、毒奶粉、瘦肉精等一系列食品安全事件的出现,促进了我国逐渐对农产品的产地追溯的重视。近些年国内学者对矿物元素指纹图谱溯源技术应用于植物源农产品的产地溯源也做了较多研究。刘宏程等利用 ICP-MSI 对西双版纳、临沧市、普洱市三大普洱茶主要产地的 85 个普洱茶样本中 16 种稀土元素的含量进行分析测定,并进行主成分分析和逐步判别分析,可以准确区分三大茶区的样本。赵芳等采用 ICP-MS 测定了 3 个原产地(沙城、贺兰山东麓、通化)228 个葡萄酒样品中的 15 种稀土元素含量,并对数据进行相关性分析、方差分析、Fisher 线性判别分析(FLD),结果证明,该判别模型对沙城、贺兰山东麓、通化 3 个产地的交叉验证判别率分别为 92.98%,98.25%,100.00%。马威等利用 ICP-MS、原子荧光和原子吸收光谱仪对我国葱样本的矿物元素含量进行分析检测,研究发现,由于样品产地的不同,矿物元素的含量也存在明显差异,采用 Fisher 判别模型可以准确追溯到葱的原产地。黄小龙等分析检测了山东省栖霞市、陕西省水林羔镇、北京市昌平区 3 个苹果产地的苹果中 B、Mg、Ca、Mn、Co、Fe 等 20 种矿物元素。研究发现,由于产地不同,样本苹果所含矿物元素的种类和含量也有比较明显的区别。赵海燕等利用 ICP-MS 对我国 4 个省份的小麦中的矿物元素含量进行检测分析,结果发现,对矿物元素含量影响较大的是产地、品种、年际及其交互作用,多元方差分析发现,这几种因素对小麦的矿物元素含量及组成均有特别明显的影响,而产地 - 基因型、产地 - 年际的交互作用却影响不大。在考虑单一元素时,Mn 主要受产地的影响,而 Ba 则受产地与收获年份的影响较大,这表明如果要提高小麦的原产地判别率,可以选用多元素组合法进行分析鉴别。此外,我国中医学历史悠久,而且中药材品种繁多,资源丰富。一些关于中药材矿物元素分析的研究也早有报道。唐建阳等对不同基源和不同产地的麦冬中 17 种矿物元素含量的分布特征进行分析检测,结果发现,当基源和产地不同时,麦冬中矿物元素的含量也不同,以此作为麦冬产地溯源的理论依据,利用所建立的溯源模型对麦冬产地进行区分鉴别,准确率极高。朱芳坤等对江苏、山东、广东和湖北 4 个产地芡实中的矿物元素含量进行分析检测,发现不同产地的芡实中的矿物元素含量存在明显差异。龚自明等采用 ICP - AES 法分析检测了湖北四大茶区 35 份茶样中的 K、Mg、Ca 等 9 种矿物元素的含量,而后用主成分分析和逐步判别分析选出 K、Ca、Mg、Mn、Fe 和 Mo 这 6 种矿物元素来追溯绿茶原产地,所创建的判别模型对样品检测判别的准确率达 100%。

　　在国内,利用矿物元素进行溯源的技术已经得到初步的应用,但在大豆产地溯源的研究报道还不是很多。近几年对大豆的研究主要有矿物元素对干豆腐品质的影响,电感耦合等离子体原子发射光谱法分析不同产地大豆中的矿物元素含量,不同产地大豆中矿物元素及异黄酮含量分析,电感耦合等离子体发射光谱法测定东北大豆中的微量元素,矿物质成分与干豆腐品质的相关性研究,不同矿物元素对干豆腐硬度的影响,可见对于矿物元素产地溯源技术在大豆中的应用还有待研究。万婕等对 4 个省份大豆中的矿物元素含量进行分析时,发现矿物元素含量在 4 个省份的大豆中存在显著的地域性差异,利用矿物元素指纹图谱溯源技术可成功地将 4 个省份的大豆进行区分。现有的文献表明,矿物元素含量可作为表征大豆产地信息的溯源指标,但考虑到所选样品的品种差异、气候条件、施肥因素以及土壤中矿物元素的生物吸收度均对产地溯源的准确性有影响,在筛选稳定有效的产地矿物元素指标的过程中如何克服这些不稳定因素,尤其是在相似地域内探寻表征地域特征的元素,从而提高大豆产地溯源的稳定性和准确性,是目前亟待解决的难题之一。

　　以上总结了几种产地溯源技术的特点及在农作物方面的应用。国外在农产品溯源上的分析技术取得了一定成果,而国内对农产品产地溯源方面的研究近几年才刚刚起步,多数研究集中在茶叶、酒类、肉类、奶制品、蜂蜜等,到目前为止,还没有一种独立的技术能完全用于农产品产地溯源分析中。为达到快速、准确、低成本地判断农产品来源的目的,在实际应用中应考虑如何将多种技术相结合。通过分析检测食品中一种或几种化合物能在一定程度上对产地进行溯源,可在特征指标的选择上作为综合考虑的指标,对大豆和杂粮中多种特征成分综合分析或对单一特征成分的亚类进行分析,对农产品产地来源进行判别。近几年,由于矿物元素指纹图谱溯源技术与有机成分指纹分析溯源技术在分析检测时有着极高的准确度,而逐步走进人们的视野中,目前已经成为农产品产地溯源的重要技术之一。因此,本书利用矿物元素指纹图谱溯源技术和有机成分指纹分析溯源技术相结合,最终追溯农产品的产地来源。

5. 大豆异黄酮含量的检测技术

　　大豆异黄酮是大豆中的一类次生代谢产物。这种生物活性物质包括 12 种异黄酮单体,分为 3 种游离型苷元(占总量的 2% ~3%)和 9 种结合型糖苷(占总量的 97% ~98%)。其中大豆苷(Daidzin)、黄豆黄苷(Clycitin)、染料木苷(Genistin)、大豆苷元(Daidzein)、黄豆黄素(Glycitein)和染料木素(Genistein)6 种大豆异黄酮单体是大豆中异黄酮的主要成分。因大豆所处的地理环境、品种、生长的年份不同,大豆中的异黄酮含量、种类和分布情况会因此而受到影响。检测大豆异黄酮含量的方法主要有紫外分光光度法、毛细管电泳法、薄层色谱法、气相色谱法和高效液相色谱法等。其中高效液相色谱法是大豆异黄酮含量检测较为常用的方法之一,具有灵敏度高、准确和重现性较好等优势。

Jin 等采用高效液相色谱技术检测大豆苷元、黄豆黄素和染料木苷等不同地区的大豆异黄酮单体的含量。Tepavčevic 等用高效液相色谱法检测美国、俄罗斯、塞尔维亚和中国不同品种中的大豆异黄酮单体组成及含量,结果表明,大豆异黄酮单体含量在品种间差异显著。戴玲利用高效液相色谱法建立了湘葛一号大豆的指纹图谱,测定了该品种大豆中 5 种异黄酮含量,其线性范围、加标回收率较好,该方法简单且检测结果可靠。石荣等利用高效液相色谱法检测大豆植物药材中总黄酮成分,建立高效液相色谱指纹图谱。马鸿雁基于高效液相色谱技术对苦参中的 5 种异黄酮单体成分进行含量检测并建立了指纹图谱。张秋红利用高效液相色谱法测定 10 批不同产地黄芪药材中黄酮类的成分并建立了指纹图谱。

综上所述,高效液相色谱法可以详细了解每种检测物质中化合物的组分及含量,已应用到植源性食品的质量安全检测问题中。高效液相色谱法在评价异黄酮类化合物内在品质研究较多,在异黄酮类化合物产地溯源分析的报道则较少,而在黑龙江省大豆产地溯源的研究却未见报道。在溯源体系的研究中需要对大批量样品进行检测,大部分提取的异黄酮含量都是用甲醇为提取剂进行高效液相色谱仪检测,对检测人员身体具有危害,且甲醇成本相对乙醇较高,考虑到安全以及经济问题,故本书采用乙醇为提取剂对异黄酮单体进行提取,改进色谱条件,使其在乙醇溶液为提取剂的情况下,可以同时检测 6 种异黄酮单体含量。改进的色谱条件具有节省时间,节约成本以及安全性高等特点,在大豆产地溯源中具有重要意义。

6. 化学计量学方法在溯源中的应用

食品种类多样,成分复杂,其质量和安全常受到威胁。因此,研究者们利用各种现代分析检测技术对食品的成分和含量进行分析和鉴定,面对不同类型的数据信息,需要利用化学计量学对数据进行整理与归纳。化学计量学在食品溯源的应用中结合了数学、化学、统计学以及计算机科学等方法,在评价食品内在质量、安全性和产地判别分析方面具有重要的作用。在食品产地溯源中,方差分析、主成分分析、系统聚类分析、Fisher 判别分析等常用的化学计量学方法已经用于各种元素的定量分析以及元素特征成分的分析中。

Cozzolino 发现尽管近红外光谱分析和中红外光谱分析结合多元数据分析在谷物中的蛋白质、水分、油脂等化学组成分析中广泛应用,但很少有关于谷类品种的鉴别和追踪报道,该文献综述了通过光谱技术结合主成分分析、偏最小二乘判别分析和线性判别分析等多元数据分析方法,有助于实现谷物的认证和追溯。Giannetti 等采用气 – 质联用技术对 118 份 42 个品种的苹果样品中的挥发性成分进行检测,结合偏最小二乘判别分析确定了不同产地和不同生长环境的苹果,判别率超过 87%。De 等利用 δ^2H 和 $\delta^{18}O$ 同位素分析结合化学计量学研究甜椒的产地溯源,建立了线性判别模型。发现用稳定同位素比率质谱仪测定的 δ^2H 和甜椒中 4 种主要烷烃的相对丰度值对产地判别是有效的。孙淑敏利用测定的羊肉成分数据结合方差分析、主成分分析、聚类分析及判别分析等化学计量学方法,对羊肉进行产地判别,判别率达 85% 以上。夏立娅利用高效液相色谱技术、电感耦合等离子体质谱等色谱技术检测大米中的有机成分和矿物元素等成分,结合主成分分析、聚类分析、线性判别分析等化学计量学方法对大米进行产地判别分析,判别率大于 81.3%,说明该方法应用在产地溯源中是可行的。

不同产地中多个指标存在一定的相关性,主成分分析具有降维的作用,用提取出的较少的变量反映原始变量信息,减少指标间的重复信息。系统聚类分析能够清晰、直观地看到样品的归类情况。而判别分析可以将大量样品进行归属并建立判别模型,对未知内在质量和产地的样品进行判别分类。由此可见,化学计量学方法在食品产地溯源研究中提供了强有力的分析方法和数据解析能力。

1.2.2　数据库与判别方法的研究现状

1. 数据库的研究现状

（1）关系型数据库

关系型数据库因其严密的数学基础而具有数据间的对称性、运算简单、应用广泛等优点。1970 年,E. F. Codd 提出了关系型数据库这一概念,并取得较大成功。关系型数据库是依照实体 – 关系模型建立起来的,它包括两个部分:一是数据库部分,负责数据的保存和索引,完成增删改查操作;另一个是关系部分,利用数据表将数据按行的形式组织起来,检查每个字段的数据类型、长度甚至取值范围,利用外键约束数据表之间的关系及事务机制来确保数据库操作的 ACID 特性,即原子性（atomicity）、一致性（consistency）、隔离性（isolation）和持久性（durability）。

关系型数据库设计之初是为了供国防、金融、政府及企业管理使用,对数据一致性要求极高,再加上当时存储成本高昂,业界努力的方向也是确保事务安全和减少数据冗余。实体 – 关系模型提供了简单易学、健壮可靠、相对通用的软件数据建模方法,因此,自然成为各种数据库软件的基础模型。现阶段形成的数据库,因其可移植性强、使用便捷、功能强大等优点,可将其在各种大、中、小微机环境中应用。瑞典 MySQLAB 公司推出的 MySQL 小型数据库因其体积小、速度快、成本低备受小型网站的欢迎。Sybace 是基于服务体系的数据库,其对网络依赖性强,且不支持分布透明性,多用于银行系统,很少在企业管理中应用。模式之间的独立性,是关系模型应用广泛的原因之一,因其独立性高,可使用户对存取路径透明,有更好的安全保密性,也简化了数据库开发工作;同时,也存在实现率不高、描述对象能力弱等问题,需要进一步改善及优化。

（2）非关系型数据库

基于数据存储模型,非关系型数据库大体可以分为键 – 值（Key – Value）存储数据库、列存储数据库、文档型数据库、图形（Graph）数据库,各个类型的数据库都有各自的相关产品被采纳。

键 – 值存储数据库存储系统相对其他几种非关系型数据库比较简单易懂,其不关心具体的数据内容,直接把"键"映射到对应的"值"上,而系统开发者则需要自己去定义具体的"值"的数据格式并进行解析,是一种非结构化的数据存储模式。列存储数据库系统中,以列簇形式存储,将业务逻辑相关的数据放在同一列,相同列的数据存储在一起。列存储数据库支持列的动态扩展,更适合海量数据的处理,不适合处理小量数据和随机更新。文档存储数据库,与键 – 值存储数据库的存储方式很相似,"值"是结构化存储的,不同的是数据库能够了解"值"的内容。文档型数据库系统,将"键"映射到包含特定格式的信息文档中,这些文档有的是 JSON 格式,有的是类似 JSON 格式,开发人员可以自己选择文档的特定格式。图形数据库使用图形模型作为数据存储结构,而且能够扩展到不同服务器上,是图形关系的最佳存储方式,常用于推荐系统、社交网络等。图形数据库充分利用了图的数据结构以及相关算法,比如 N 度关系查找、最短路径寻址等,但通常需要经过比较复杂的图形计算才能够得出相关信息。

非关系型数据库全部或者部分放弃了实体－关系模型,只负责保存数据,并不组织数据表,也不约束表间关系,关系的部分交由开发人员自己来完成。比如 Mongo D B 用 JSON 序列化的方式保存数据,虽然也有表的概念,但是结构可以随时扩展调整,而无须更新既有数据。比如 LevelDB 是一个 Key－Value 数据库,重视写入性能而非读取性能。Redis 提供了 Key－Value、List、Set、Sorted Set 等多种数据结构模型。Cassandra 则使用面向列的数据模型。

非关系型数据库很早就已存在,但是因为缺乏必要的数据一致性保障而未能流行。直到 SNS 时代,社交网络应用对数据的一致性要求相对较低,对数据处理的实时性要求大,而且并发处理能力方面的要求非常高。非关系型数据库通过放弃一致性检查和事务机制,一般比关系型数据库拥有更好的性能,而且也不局限于实体－关系模型,能有更灵活的数据模型和操作方式供开发人员使用。

未来的趋势是关系型数据库与非关系型数据库的结合,PostgreSQL 作为老牌的关系数据库管理系统开始提供 JSON 等更灵活的数据字段,Redis 等典型的 NoSQL 系统也开始提供原子性数据结构操作接口。不存在哪种数据库更好,用户结合自己的实际业务场景使用。本书采用关系型数据库对大豆产地溯源进研究。

2. 判别方法的研究现状

由于判别标准不同,判别分析法可以分为马氏距离判别分析法、Bayes 判别分析法、Fisher 判别分析法等。其中,Fisher 判别分析法的基本思想是投影(或降维),目前应用最广泛。

(1)马氏距离判别分析法

在判别分析中,由于欧氏距离不考虑总体分布的分散性信息,印度的统计学家马哈拉诺比斯提出了马氏距离的概念。

马氏距离判别分析法基本原理为:马氏距离主要表示数据的协方差距离,其不仅可有效地判别两个未知样本集的相似度,还避免了欧氏距离的缺陷,具有线性变换不变性。考虑到了每个指标之间的联系,马氏距离判别分析法是一种直观判别方法,主要以待判样本 $X = (x_1, x_2, \cdots, x_m)^T$ 到各个总体间的距离大小作为判别其归属的依据。

2010 年,马剑伟等建立了基于马氏距离判别分析法的异常检验网络模型,这种网络模型通过对电子信号进行预处理的方式来大幅度提高网络的稳定性。2011 年,张素莉等提出了一种新的文本分类方法,这种方法是将 KNN(K 最近邻)算法与马氏距离判别分析法相结合,不仅提高了文本分类的稳定性且提高了文本分类的精度。2007 年,宫凤强等将马氏距离判别分析法应用到了岩土工程领域中,通过这种方法判别了岩石质量,并进行评价,效果显著。

马氏距离判别分析法的优点主要是该方法将所有总体都假定为正态总体来进行分析处理,这样可使马氏距离与单位变量的比例无关,只需知道总体的特征值(方差和均值),而不需要知道总体的分布类型,该方法简单而且结论明确;缺点是其并未考虑每个样本都可能出现在各个类别中概率的大小和各样本出现在不同类别中的概率大小。此外,该方法未考虑如出现错误判断可造成的损失,也未考虑各个总体各组的协方差阵不同。

因此马氏距离判别分析法只适用于两种情况:各总体正态分布(或分布状态未知);每个总体的协方差阵$\sum_i$、先验概率q_i、错判造成的损失均相等。由于该方法存在明显的不足之处,研究者们综合马氏距离的不足之处建立了 Bayes 判别分析法,该方法可以弥补马氏距离判别分析法的不足。

（2）Bayes 判别分析法

Bayes 判别分析法是一种用于判别样品所属类型的统计分析方法,其基本思想是,在判别前就知道了已知观测样本的分类,之后计算出各个分类的协方差矩阵和先验概率来建立判别函数,最后通过回代检验和后验概率来确定新建的样本归类。Bayes 判别分析法可以判断已经得到的信息的价值以及是否还有必要再获取更多未知信息。在一般的判定方法中,往往是要么对调查结果完全肯定,要么是完全否定,不考虑其他可能存在的因素或者可能性。而 Bayes 判别分析法则不然,它对调查结果的可能性做出数量化的评价。根据具体的情况具体分析,可以反复使用,进而使所得出的判定结果更加完善且科学。

Bayes 判别分析法由于其成熟且可多元判别的方法而广泛应用,如气象预测、地质勘探、地震活动性参数、遥感图像等领域。2011 年,刘在涛等利用 Bayes 判别分析法,通过建立贝叶斯判别预测模型来找出影响地震人员伤亡的震级、震区人口密度、震源深度、发震时刻等因素,利用其显著因素来建立判别规则,从而判断出地震应急响应的等级。2013 年,崔光磊等借鉴 Bayes 判别分析法,利用煤与瓦斯压力、瓦斯扩散速度等进行归类和分析,建立了可以鉴定有无突出危险性的判别模型,并依据该模型对新样本进行判别分类,从而找到了一种可以方便、简单并准确地预测煤与瓦斯突出强度的方法。对预防煤与瓦斯突出事故的发生和保障作业人员的生命财产安全有关键性的意义。2015 年,王洋喆等借鉴 Bayes 判别分析法,建立贝叶斯判别预测模型,对各种岩爆烈度预测,预测的结果准确率很高,可以在实际工程中应用。2017 年,杜筱筱等将 Bayes 判别分析法应用到空气质量检测中,并得到了非常准确的结果,使 Bayes 判别分析法在环境检测中得以发展。

Bayes 判别分析法在各个领域都有广泛的应用,但与此同时也存在一些弊端。相对于其他方法,Bayes 判别分析法在分析计算上相对复杂,表示的范围有限,特别是在解决复杂问题时,这种弊端尤为明显。因此,当面对有些数据量大、信息较多的研究判别时,Bayes 判别分析法就很难广泛使用。

（3）Fisher 判别分析法

早在 20 世纪 30 年代,英国统计学家费希尔就提出了 Fisher 判别分析法,但时隔 6 年其才首次给出了 Fisher 判别分析法的定义及方法,并将其应用于鸢尾花的分析判别研究中。至此之后,越来越多的人开始关注和研究 Fisher 判别分析法在现代生活中的应用。目前,尽管社会科学技术空前先进,但仍没有一种特征性提取判别方法可代替 Fisher 判别分析法,Fisher 判别分析法仍是最好的特征性提取判别方法之一。

1962 年,Wilks 提出经典的 Fisher 准则如今仍被 Swets,Belhumeur 和 Liu 等广泛应用在人脸识别和图像分类等研究中。1975 年,Foley 和 Sammon 研究建立了 F－S 线性鉴别法。1988 年,Duchene 等对 Fisher 判别分析法进一步研究,效果显著,不仅把多种模式进行分类,而且还总结出了最佳判别向量集。1988 年,Tian 又将其应用到了图像分类识别领域。

在国内,关于 Fisher 判别分析法的研究也一直持续不断。2009 年,付秋设计实验对 Fisher 进行变换多尺度图像识别。2010 年,赵鹏辉将 Fisher 的判别分析法与最大期望算法（EM）判别分析法联合应用到了随机效应模型的方差成分中,分析讨论得出,在此研究中,Fisher 算法相对于 EM 算法更加稳定。2011 年,李世原对 Fisher 判别分析法进行改进,将其应用在化工过程的故障分析诊断中。研究发现,改进后的 Fisher 判别分析法能够很好地识别化工过程故障数据中产生的噪声和非高斯分布等数据特点,相对于传统的多元统计法,这一判别法拥有更好的故障判别和识别准确率。

随着时代的需求与进步,Fisher 判别分析法在不同领域中都有了更加广泛的科研应用。2012 年,崔法毅改进了 Fisher 判别分析法在人脸识别中的应用。2013 年,汪鹏对空间 Fisher 核框架的 Bag of Features 算法又有了进一步的研究。同年,江南大学的方万胜通过对核 Fisher 判别分析法及其组件在图像识别中的研究,将其应用在城市特种车辆识别以及轮胎分割法中,使 Fisher 判别分析法在交通方面有了更新应用。2014 年,相对于传统的单一使用 Fisher 判别分析法,李萌找出两种特征选择方法,将其引用到 Fisher 向量中,得到了更具判别力的理想图像,优化了 Fisher 判别分析法在图像应用中的人像识别功能。2017 年,钱丽丽为判别大米产地的可追溯性,结合近红外光分析技术,使用 Fisher 判别分析法进行建模分析,这项研究不仅对大米产地实现鉴别,也为维护了市场秩序及消费者的合法权益提供了科学依据。

Fisher 判别分析法的优势主要有:①如总体的均值向量具有较高的共线性时,可通过几个判别函数就可以实现判别,操作非常简单;②Fisher 判别分析法不限定总体的分布,应用比较广泛;③ Fisher 判别分析法可在图形上通过降维的方法由目测直接判别;④ Fisher 判别分析法对样本数据没有特殊要求,而且通过统计产品与服务解决方案软件(SPSS)处理不仅避免了数据量大的缺陷,而且能够获得较高的准确率。因此,本书在追溯大豆产地溯源中也采用了 Fisher 判别分析法,使得研究目标易于实现。

1.2.3　存在的问题

目前国内外对农产品产地溯源的研究成果较多,技术也相对成熟。国际上已经广泛应用矿物元素指纹图谱溯源技术判别土豆、葡萄酒、蜂蜜、大米、茶叶、洋葱、咖啡、橄榄油以及果汁等农副产品的产地来源。到目前为止国内尚未系统地开展利用有机成分指纹分析溯源技术结合矿物元素指纹图谱溯源技术对黑龙江省大豆产地溯源进行研究。目前针对黑龙江省的大豆产地溯源仍存在一定问题,主要表现在以下四个方面。

(1)目前还没有针对黑龙江省大豆产地溯源进行系统的研究,特别是不同地域大豆中的蛋白质、脂肪、可溶性总糖、灰分的含量和组成还不明确,对大豆有机成分有影响的自然因素还不清楚;利用特征指标建立的产地溯源模型是否是切实可行的,还有待验证。

(2)不同地域大豆中多种矿物元素的含量和组成还不明确,对大豆矿物元素有影响的自然因素还不清楚;利用特征指标建立的产地溯源模型是否是切实可行的,还有待验证。

(3)利用有机成分指纹分析溯源技术和矿物元素指纹图谱溯源技术相结合的方法提取的特征指标是否会提高产地溯源的判别率,还有待验证。

(4)能否利用已建立的黑龙江省大豆主产地的溯源数据库和提取的特征指标进行产地溯源的查询。

1.3　研究内容及技术路线

由前人的研究结果发现,有机成分指纹分析溯源技术和矿物元素指纹图谱溯源技术用于农产品产地溯源是可行的。本书以筛选与地域直接相关的溯源特征指标为思路,拟开展地域、品种、年际及几者交互作用对大豆中有机成分和矿物元素溯源指标含量和组成影响研究，并提取了大豆中有机成分和矿物元素的特征指标建立判别模型；在判别模型的基础上，利用支持向量机的方法提高判别准确率；运用原始数据和建立的判别模型进行大豆产地溯源的查询，为建立切实可行的大豆产地溯源方法提供理论基础和信息技术支撑。

1.3.1 研究内容

1.溯源模型理论分析

溯源模型理论十分重要，它是试验分析部分的基础，同时也是建立农产品产地溯源的根本。没有理论的支撑是创建不出产地溯源模型的，而创建模型的过程也可用于验证建立的理论基础是否可行，因此，理论和实践是紧密相关的。本书采用方差分析、主成分分析、聚类分析和判别分析4种数理统计方法以及支持向量机算法进行研究。方差分析可得到不同地域样本中显著的特征指标；主成分分析能够对样本多指标进行简化降维，使主要显著指标变得更加直观；聚类分析的聚类谱系图能够清楚明了、细致全面地表述其样本的分类结果；判别分析是在已知分类样本的观测数据基础上根据 Fisher 判别法建立判别模型。由于经过线性判别分析降维后的数据在其空间中不一定是线性可分的，而支持向量机在有限的样本规模下也能寻得最优解，可将低维下的非线性问题转换成高维下的线性问题进行求解。因此本书采用支持向量机提高判别准确率，可对未知类型的样本进行判别分类。

2.基于有机成分含量的大豆产地溯源

有机成分指纹分析溯源技术是近年来在国内外发展较好的分析技术，也是国内外学者研究较多的农产品产地溯源方法之一。其中蛋白质、脂肪、维生素、碳水化合物、香气等可作为判别有机成分的主要指标进行研究。本书采用凯氏定氮法、索氏提取法、苯酚－硫酸法和残余法分别对不同产地大豆中粗蛋白、粗脂肪、可溶性总糖和灰分含量进行测定，利用溯源模型理论分析，对检测的大豆中4种有机成分进行分析，并分析其影响因素及其交互作用对大豆中有机成分的影响，筛选特征有机成分。

3.基于矿物元素含量的大豆产地溯源

矿物元素指纹图谱溯源技术是目前公认的研究追溯农产品产地来源的最有效的方法之一。其原理与岩石风化的母质和土壤密切相关，一类地层的岩石背景形成一类的土壤质地，因此不同产地土壤里的矿物元素含量和组成比例等都具有其地理地质的特异性。本书采用电感耦合等离子体质谱法对来自不同产地大豆中52种矿物元素的含量进行测定，利用溯源模型理论对待检测的大豆中的52种矿物元素的含量进行分析，并分析其影响因素及其交互作用对大豆中矿物元素的影响，筛选特征矿物元素。

4.基于有机成分辅助矿物元素含量的大豆产地溯源

由于单一技术在某一方面或某几方面的不足会导致大豆产地溯源的整体判别率偏离理想值，故本书将有机成分指纹分溯源析技术和矿物元素指纹图谱溯源技术相结合来探寻大豆中的特征指标，并利用溯源模型理论对大豆中所筛选出的特征指标进行逐步判别筛选，最终确定建立大豆产地溯源的模型。

5.大豆产地判别系统的构建

本书利用支持向量机，以提取的特征指标为评价内容，通过数据库构建和拟合，得到适于大豆机械化作业的产地判别模型，进而构建出大豆产地溯源系统。

6.基于液相色谱技术的大豆异黄酮单体成分分析

本书对国家标准检测大豆异黄酮含量的方法进行改进，建立了以大豆异黄酮乙醇提取液的高效液相色谱检测方法,并对改进后的检测方法的线性关系、稳定性、精密度、准确度、灵敏度等进行评价。

7. 基于大豆异黄酮单体含量的 2015 年两大产地的大豆产地溯源

本书研究 2015 年黑龙江省北安和嫩江两大主产地的大豆异黄酮含量;利用化学计量学方法筛选出 2015 年大豆异黄酮特征信息。

8. 基于大豆异黄酮单体含量的 2016 年两大产地的大豆产地溯源

本书研究 2016 年黑龙江省北安和嫩江两大主产地的大豆异黄酮含量;利用化学计量学方法筛选出 2016 年大豆异黄酮特征信息。

9. 判别模型的建立

本书研究不同年际、不同产地、不同品种及其交互作用等因素对大豆异黄酮单体含量的影响,筛选与产地直接相关、有效的溯源特征指标,结合化学计量学方法建立产地判别模型,并对模型进行验证。

10. 数据库的建立

本书利用已筛选出的溯源指标信息构建大豆异黄酮产地溯源数据库,并对数据库进行查询验证。

1.3.2　技术路线

技术路线图如图 1 - 1 所示。

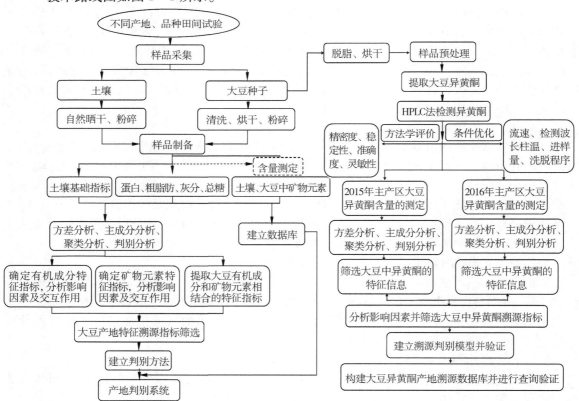

图 1 - 1　技术路线图

2　溯源模型理论分析

为顺利实现农产品的产地溯源,应从产业链的关键环节收集产品、过程及环境等相关信息,这些信息的收集涉及许多检测技术和溯源技术,寻找到表征不同地域来源的产地特征指标则是实现溯源技术中产地判别分析的有效手段。利用大豆有机成分和矿物元素含量进行产地判别,涉及众多有关的变量。确定特征指标可以实现利用为数极少的变量来反映原变量所提供的绝大部分信息的目的。以大豆样本为训练集,通过方差分析、主成分分析、聚类分析、判别分析方法,能够确定特征指标和判别模型。大豆的样本数据具有小样本量、高维度、线性不可分的特点,在众多的机器学习算法中,支持向量机在处理此类特点的样本时具有明显的优势,因此本书中采用结合线性判别分析的支持向量机进行大豆产地的判别分析。

本章将主要介绍相关的判别模型理论方法和支持向量机的理论基础,为搭建基于结合线性判别分析的维度规约和支持向量机的大豆产地判别系统,提供理论基础。

2.1　判别模型理论方法介绍

2.1.1　方差分析

本书检测出了农产品中矿物元素和有机成分的含量,要想得知这些指标中哪些指标在产地间是显著的,则必须通过方差分析来实现。方差分析主要检验两个以上总体均数是否具有显著性差异。它是通过分析处理不同水平引起的差异和由随机因素造成的差异对总差异的贡献大小,来考虑处理因素对试验结果的影响是否显著,这正是本书应分析的第一步。

将因素在不同水平下均值之间的方差作为第一个估计值,在同一水平下不同试验数据对于这一水平均值的方差作为第二个估计值,通过比较两个估计值之间的差异,能够判断其是否存在显著性差异,判断方法如下。

定义总离差平方和为各样本观测值与总均值的离差平方和,记作

$$SS_{\mathrm{T}} = \sum_{i=1}^{k} \sum_{j=1}^{n} (X_{ij} - \overline{X})^2 \qquad (2-1)$$

式中,$\overline{X}$ 为样本的均值,即

$$\overline{X} = \frac{1}{N} \sum_{i=1}^{k} \sum_{j=1}^{n} X_{ij} \qquad (2-2)$$

式中,$N = nk$ 为样本观测值总数。

SS_{T} 的大小刻画了全部试验结果的离散程度。在由 SS_{T} 刻画的离散性中,既有随机因素所引起的,也可能有由因素 A 水平的差异所引起的,如果能设法将这两者合理地区分开来,

问题就很容易解决了。本书通过对不同地域样本中所检测出来的指定指标进行多元方差分析,得到了不同地域样本中显著的特征指标。但是对于本书,方差分析仅仅得出了产地间的显著指标,不能清楚地分析出众多显著指标中的主要影响指标,影响建模精度,因此需要采用主成分分析确定主要影响因素。

2.1.2　主成分分析

本书检测出的数据经过方差分析后得到地域间显著的指标,由于方差分析只是提取出了显著指标,而主要的显著指标仍然不知,因此,需要采用另一种分析方法——主成分分析。主成分分析的概念是由 Pearson 在 1901 年提出的,之后 Hotelling、J. E. Jackson 等学者对其进行了发展,后来研究者们用概率论的形式再次描述了主成分分析算法,使得主成分分析法得到更进一步的发展。主成分分析是一种基于统计特征的多维正交线性变换的多元统计技术,常用来对数据进行降维和对信号进行特征提取。该方法广泛应用于图像处理、化学、模式识别等领域。

主成分分析是一种对多元数据的变量数目进行有效降维的统计方法。其在保持原资料大部分信息的基础上,将存在复杂相关关系的多个指标转化为少数相互独立的综合指标的多元统计方法。降维的具体方法如下。

设在数据集 X 中有 n 个样品,每个样品观测 p 个变量,则有

$$X = \begin{bmatrix} x_{11} & x_{12} & \cdots & x_{1p} \\ x_{21} & x_{22} & \cdots & x_{2p} \\ \vdots & \vdots & & \vdots \\ x_{n1} & x_{n2} & \cdots & x_{np} \end{bmatrix} = [x_1, x_2, \cdots, x_p] \qquad (2-3)$$

其中

$$x_i = [x_{1i}, x_{2i}, \cdots, x_{ni}]^T \quad i = 1, 2, \cdots, p \qquad (2-4)$$

主成分分析就是将原来的 p 个观测变量 $x_1, x_2, \cdots, x_p$ 进行综合,形成 p 个新变量(综合变量),即

$$\begin{cases} F_1 = \omega_{11} x_1 + \omega_{22} x_2 + \cdots + \omega_{p1} x_p \\ F_2 = \omega_{12} x_1 + \omega_{22} x_2 + \cdots + \omega_{p2} x_p \\ \qquad\qquad \cdots \\ F_P = \omega_{1p} x_1 + \omega_{2p} x_2 + \cdots + \omega_{pp} x_p \end{cases} \qquad (2-5)$$

简写为

$$F_i = \omega_{1i} x_i + \omega_{2i} x_2 + \cdots + \omega_{pi} x_p \quad i = 1, 2, \cdots, p \qquad (2-6)$$

在此,x_i 是 n 维向量,得到 F_1 也是 n 维向量。由变换所得到的新随机变量彼此之间互不相关,并且方差顺次递减。从而实现数据降维的目的,这一过程也可看作是一种特征提取。

本书在经方差分析提取出对于不同地域样本中显著指标的基础上进行降维,由于不同地域样本中多个指标间存在较强的相关关系,即这些指标间存在较多的重复信息,若直接利用这些显著指标进行分析,不但模型复杂,还会因变量间存在信息重复而引起较大误差。故主成分分析可以充分利用样本中显著指标的原数据,用较少的新变量代替原来众多的旧

变量,同时提取出的这些新变量能够反映原变量的信息。主成分分析能够对样本多指标进行简化降维,从而使主要显著指标变得更加直观,完成主要指标定量化的筛选过程,进一步确定显著性指标确定聚类单元之间的相似性和差异性,并进行地域的明确分类。

2.1.3　聚类分析

本书检测出的数据经方差分析提取显著指标,经主成分分析进一步进行降维处理,可以提取主要特征指标,但是要想利用这些特征指标对样品进行直观分类,需要采用的分析方法就是聚类分析。聚类分析是对多样品或多指标进行分类的一种多元统计分析方法,其目的是在相似的基础上对数据进行分类。而系统聚类法是众多的聚类分析方法中一个比较成熟且常用到的方法,在天气预报、地质勘探调查、土壤分类、作物品种分类等方面都有广泛应用。

在系统聚类法中,包含许多不同的分析方法,主要分为 R 型聚类分析法、Q 型聚类分析法。由于 Q 型聚类分析法中的离差平方和法在实际应用中操作简单、应用广泛,可以将对照样品清楚分类,因此本书主要采用离差平方和法。

离差平方和法是先计算出每个已经形成的点群的重心,再计算出这个点群中的所有点到重心的距离平方和。如果将两个点群合并到一起,那么从新点群的离差平方和中减去原来两个点群的离差平方和所得的差叫作离差平方和的增量。每一阶段都将离差平方和增量最小的两个点群合并到一起。

设已有 g 点群,其中第 k 个($k = 1,2,\cdots,g$)群含 n_k 个样品,记为 x_{ik},$i = 1,2,\cdots,n_k$,$k = 1,2,\cdots,g$。

第 k 个点群的重心为

$$\bar{x}_k = \frac{1}{n_k} \sum_{i=1}^{n_k} \bar{x}_{ik} \qquad (2-7)$$

这个点群的组内离差平方和为

$$E_k = \sum_{i=1}^{n_k} \| x_{ik} \|^2 - n_k \| x_k \|^2 \qquad (2-8)$$

若将第 p,q 两个点群合并到一起而形成点群 t,则新点群的重心为

$$x_t = \frac{1}{n}(n_p x_p + n_q x_q) n_t = n_p + n_q \qquad (2-9)$$

由式(2-8)可以得到其离差平方和为

$$E_k = \sum_{i=1}^{n_p} \| x_{ip} \|^2 + \sum_{i=1}^{n_q} \| x_{iq} \|^2 - n_t \| x_t \|^2 \qquad (2-10)$$

合并所引起的离差平方和增量为

$$\Delta E_{pq} = E_t - E_p - E_q = n_p \| x_p \|^2 + n_q \| x_q \|^2 - n_t \| x_t \|^2 \qquad (2-11)$$

若取 $x_t = \mathbf{0}$,则

$$n_t \| x_t \|^2 = n_p \| x_p \|^2 + n_q \| x_q \|^2 - \frac{n_p n_q}{n_t} \| x_q - x_p \|^2 \qquad (2-12)$$

将该式代入式(2-11)中,得

$$\Delta E_{pq} = \frac{n_p n_q}{n_t} \| x_q - x_p \|^2 = \frac{n_p n_q}{n_t} d_{pq}^2 \qquad (2-13)$$

这个离差平方和增量与点群 p, q 的重心之间的距离的平方成正比,它是度量这两个点群的差异程度的统计量。

设已将点群 p, q 合并成新的点群 t,则对于另外的任意点群 r,下面来推导计算增量 ΔE_{tr} 的刷新公式。

$$\Delta E_{tr} = \frac{n_t n_r}{n_t + n_r} d_{tr}^2 = \frac{1}{n_t + n_r} \left[(n_p + n_r) \Delta E_{pr} + (n_p + n_r) \Delta E_{qr} - n_r \Delta E_{pq} \right] \quad (2-14)$$

根据非相似性统计量式(2-13)和其刷新公式式(2-14),可以按照通常的系统聚类法建立分类谱系图。经验表明,这种方法常常能取得比其他方法更好的效果。本书以通过方差分析、主成分分析提取出的不同地域样本中均显著的指标为基础进行 Q 型聚类分析。Q 型聚类分析主要是根据差异性大的显著指标将样本进行分离。该方法分类结果直观,其聚类谱系图能够清楚明了、细致全面地表述其样本的分类结果。

虽然聚类分析法能够更直观、更明确地将样本进行分类,但是聚类分析法却不能建立判别函数,不能对样本进行更深层的归类研究,无法得出样本归到地域的判别率,因此需要采用判别分析。

2.1.4 判别分析

本书检测出的数据经方差分析提取显著指标;经主成分分析进行降维处理,提取主要特征指标;经聚类分析对样本进行直观分类,但是要想对样本进行更深层的归类研究,建立出不同地域样本的判别模型,就必须进行判别分析。判别分析就是利用已知类别的样本信息建立判别函数,然后用该判别函数对未知样本所属类别进行判别。

Fisher 判别分析法作为典型的判别分析方法之一,主要通过投影的方式将由高维度空间的自变量组合投影到低维度空间,然后在低维度空间分类。该方法主要包括两总体和多总体的 Fisher 判别分析法。由于本书只涉及两个地域的样本,所以这里主要介绍两总体的 Fisher 判别分析法。该方法主要从两个总体中抽取具有 p 个指标的样品观测数据,借助方差分析构造一个判别函数或称判别式,即

$$y = c_1 x_1 + c_2 x_2 + \cdots + c_p x_p \quad (2-15)$$

系数 $c_1, c_2, \cdots, c_p$ 确定的原则是使组间差距达到最大,组内差距达到最小。得到判别函数之后,对于一个未分类样品,将其 p 个指标值代入判别函数求出 y 值之后,再与临界值进行比较,以判别准则为依据就可以判别其属于哪一总体。具体判别方法如下。

首先构造判别函数

$$d_p = \bar{x}_p^{(1)} - \bar{x}_p^{(2)} \quad (2-16)$$

$$s_{pj} = \sum_{i=1}^{n_1} (x_{in}^{(1)} - \bar{x}_p^{(1)})(x_{ij}^{(1)} - \bar{x}_j^{(1)}) + \sum_{i=1}^{n_2} (x_{ip}^{(2)} - \bar{x}_p^{(2)})(x_{ij}^{(2)} - \bar{x}_j^{(2)}) \quad (2-17)$$

由此可确定判别函数的系数 c_1, c_2, c_p,即

$$\begin{bmatrix} c_1 \\ c_2 \\ \vdots \\ c_p \end{bmatrix} = S^{-1} \begin{bmatrix} x_1^{(1)} - x_1^{(2)} \\ x_2^{(1)} - x_2^{(2)} \\ \vdots \\ x_p^{(1)} - x_p^{(2)} \end{bmatrix} \quad (2-18)$$

从而得到新的判别函数:

$$\begin{cases} s_{11}c_1 + s_{12}c_2 + \cdots + s_{1p}c_p = d_1 \\ s_{21}c_1 + s_{22}c_2 + \cdots + s_{2p}c_p = d_2 \\ \cdots \\ s_{p1}c_1 + s_{p2}c_2 + \cdots + s_{pp}c_p = d_p \end{cases} \quad (2-19)$$

得到判别函数后,确定判别临界值 y_0。如果两总体具有共同的先验概率,通常令 y_0 是 $\overline{y}^{(1)}$ 与 $\overline{y}^{(2)}$ 的加权平均值,也就是

$$y_0 = \frac{n_1 \overline{y}^{(1)} + n_2 \overline{y}^{(2)}}{n_1 + n_2} \quad (2-20)$$

式中　　$\overline{y}^{(1)} = \sum\limits_{k=1}^{p} c_k \overline{x}_k^{(1)}$;

$\qquad\quad \overline{y}^{(2)} = \sum\limits_{k=1}^{p} c_k \overline{x}_k^{(2)}$。

解得检验统计量:

$$F = \left(\frac{n_1 \cdot n_2}{n_1 + n_2} \cdot \frac{n_1 + n_2 - p - 1}{p} \right) \cdot |y^{(1)} - y^{(2)}| \quad (2-21)$$

得到检验能力 α,对照 F 的分布表,找出临界值 F_α。如果 $F > F_\alpha$,那么判别有价值;如果 $F < F_\alpha$,则判别无用。

判别分析是在已知样本分成了若干类型并已经得知各种类型的一批已知样本的观测数据,在此基础上根据 Fisher 判别分析法建立判别模型,然后可对未知类型的样本进行判别分类。判别分析可建立判别函数,能对聚类分析后的样本进行更深层归类研究,并可得出样本归类的正确判别率。

上述的 4 种数学分析方法在单独使用时无法完成判别模型的构建。要想对大豆样本产地溯源进行深入研究,须将 4 种分析方法进行集成,提高模型精度,得到较理想的产地溯源指标。传统的统计学方法追求的是试验误差最小,而没有考虑具体的试验模型,本书在现有的大豆线性判别分析方法的基础上,提出了一种改进的比较新型的分类方法,即在最终的判别分类阶段运用了结合线性判别分析的支持向量机的分类方法。

2.2　支持向量机的理论基础

支持向量机是基于统计学习理论的算法。统计学习方法的主要思想是从数据的角度出发,从训练样本中发现并提取规律,并利用这些规律对未知数据进行预测。统计学习的方法被广泛地应用在模式识别、神经网络、深度学习等方面。现有的机器学习算法大多建立在统计学上样本数量趋于无穷时的假设上,然而这些假设忽略了一个重要的现实情况。在实际中,样本数量往往是有限的,样本的规模不可能趋于无穷大,这使得一些算法具有良好的理论基础,但在实际的应用中效果并不尽如人意。因此,研究者将目光聚焦在小样本情况下的机器学习理论的研究上。统计学习理论则是解决小样本上机器学习的最重要的基础。二十世纪六七十年代,Vapnik 等基于统计学习理论提供的解决小样本问题的统一框架,提出了一种重要方法 —— 支持向量机方法。支持向量机是统计学习理论中较新的方法,与传统的统计学习理论方法相比具有很高的优势。支持向量机基于 VC 维理论和结构风险最小化原

理,根据有限的样本信息在模型的复杂性和学习能力之间寻求最佳折中方案。这正是在线性分类的基础上进行改进的非线性分类的关键。

2.2.1 算法的推导

1. 相关术语

（1）线性分类器

对于支持向量机来说,将数据点视为 p 维向量,而我们想知道是否可以用 $p-1$ 维超平面来分开这些点,这就是所谓的线性分类器最大间隔超平面,即每边最近的数据点的距离最大化的超平面。如果存在这样的超平面,则称其为最大间隔超平面。

（2）最大间隔分类器

最大间隔超平面定义的线性分类器称为最大间隔分类器,或者叫作最佳稳定性感知器。

2. 线性支持向量机

我们考虑如下形式的 n 个点:

$$(\boldsymbol{x}_1, y_1), \cdots, (\boldsymbol{x}_n, y_n) \tag{2-22}$$

其中 y_i 是 1 或者 -1,表示数据 $\boldsymbol{x}_i$ 所属的类别,而 $\boldsymbol{x}_i$ 是一个 p 维的向量的实例,我们要求将 $y=1$ 与 $y=-1$ 的点集分开的最大间隔超平面,使得超平面与最近的点 $\boldsymbol{x}_i$ 之间的距离最大化。任何超平面都可以写成满足下面方程的点集 $\boldsymbol{x}$:

$$\boldsymbol{w} \cdot \boldsymbol{x} - b = 0 \tag{2-23}$$

如果这些训练数据是线性可分的,可以选择分离两类数据的两个平行超平面,使得两者之间的距离尽可能大。在这两个超平面范围内的区域称为"间隔",最大间隔超平面是位于该范围内的正中间的超平面。这些超平面可以由方程族来表示:

$$\boldsymbol{w} \cdot \boldsymbol{x} - b = 1 \tag{2-24}$$

或是

$$\boldsymbol{w} \cdot \boldsymbol{x} - b = -1 \tag{2-25}$$

同时为了使得样本数据点都在超平面的间隔区以外,需要保证对于所有的 i 满足约束条件:

$$y_i(\boldsymbol{w} \cdot \boldsymbol{x}_i - b) \geqslant 1 \tag{2-26}$$

这个约束表明每个数据点都必须位于间隔的正确一侧。

这两个超平面之间的距离是 $\dfrac{2}{\|\boldsymbol{w}\|}$,因此要使两平面间的距离最大,需要最小化 $\|\boldsymbol{w}\|$。

可以用这个式子得到优化问题:

在 $y_i(\boldsymbol{w} \cdot \boldsymbol{x}_i - b) \geqslant 1$ 条件下,最小化 $\|\boldsymbol{w}\|$,对于 $i = 1, 2, \cdots, n$,这个问题的解 $\boldsymbol{w}$ 和 b 决定了分类器 $\boldsymbol{x} \mapsto \mathrm{sgn}(\boldsymbol{w} \cdot \boldsymbol{x} - b)$。

此几何描述的一个显而易见却重要的结果是,最大间隔超平面完全是由最靠近它的那些 $\boldsymbol{x}_i$ 确定的。这些 $\boldsymbol{x}_i$ 叫作支持向量。线性支持向量机的示意图如图 2-1 所示。

3. 非线性支持向量机

对于线性不可分的状况,需要引入铰链损失函数:

$$\max(0, 1 - y_i(\boldsymbol{w} \cdot \boldsymbol{x}_i - b)) \tag{2-27}$$

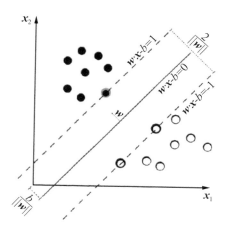

图 2-1　线性支持向量机的示意图

当约束条件式(2-26)满足此函数时,对于间隔的错误一侧的数据,该函数的值与到间隔的距离成正比,并使该距离最小化:

$$\left[\frac{1}{n}\sum_{i=1}^{n}\max(0,1-y_i(\boldsymbol{w}\cdot\boldsymbol{x}_i-b))\right]+\lambda\|\boldsymbol{w}\|^2 \qquad (2-28)$$

其中参数 λ 用来权衡增加间隔大小与确保 $\boldsymbol{x}_i$ 位于间隔的正确一侧之间的关系。因此,对于足够小的 λ 值,如果输入数据是可以线性分类的,则软间隔支持向量机与硬间隔支持向量机将表现相同,但即使不可线性分类,仍能学习出可行的分类规则。

4.求解支持向量机

计算(软间隔)支持向量机分类器等同于使下面表达式最小化:

$$\left[\frac{1}{n}\sum_{i=1}^{n}\max(0,1-y_i(\boldsymbol{w}\cdot\boldsymbol{x}_i-b))\right]+\lambda\|\boldsymbol{w}\|^2 \qquad (2-29)$$

如上所述,由于我们关注的是软间隔分类器,λ 选择足够小的值就能得到线性可分类输入数据的硬间隔分类器。下面将详细介绍将式(2-29)简化为二次规划问题的经典方法。

(1)问题原型

最小化式(2-29)可以用下面的方式将其改写为目标函数可微的约束优化问题。对所有 $i\in 1,2,\cdots,n$,引入变量 $\zeta_i=\max(0,1-y_i(\boldsymbol{w}\cdot\boldsymbol{x}_i+b))$。注意到 ζ_i 是满足 $y_i(\boldsymbol{w}\cdot\boldsymbol{x}_i+b)\geq 1-\zeta_i$ 的最小非负数。

因此,我们可以将优化问题叙述如下:

$$\text{minimize}\ \frac{1}{n}\sum_{i=1}^{n}\zeta_i+\lambda\|\boldsymbol{w}\|^2 \qquad (2-30)$$

$$\text{s.t.}\ y_i(\boldsymbol{w}\cdot\boldsymbol{x}_i+b)\geq 1-\zeta_i\ 且\ \zeta_i\geq 0 \qquad (2-31)$$

(2)对偶问题

求解上述问题的拉格朗日对偶,得到如下简化的对偶问题:

$$\text{maximize}\ f(c_1,\cdots,c_n)=\sum_{i=1}^{n}c_i-\frac{1}{2}\sum_{i=1}^{n}\sum_{j=1}^{n}y_ic_i(\boldsymbol{x}_i\cdot\boldsymbol{x}_j)y_jc_j \qquad (2-32)$$

$$\text{s.t.}\ \sum_{i=1}^{n}c_iy_i=0\ 且\ 0\leq c_i\leq\frac{1}{2n\lambda} \qquad (2-33)$$

由于对偶最小化问题是受线性约束 c_i 的二次函数,所以它可以通过二次规划算法高效

地解出。这里,变量 c_i 定义为

$$w = \sum_{i=1}^{n} c_i y_i x \tag{2-34}$$

此外,当 x_i 恰好在间隔的正确一侧时,$c_i = 0$,且当 x_i 位于间隔的边界时,$0 < c_i < \dfrac{1}{2n\lambda}$。

因此,w 可以写为支持向量的线性组合。

可以在间隔的边界上找到一个 x_i 并求解,即

$$y_i(w \cdot x_i + b) = 1 \Leftrightarrow b = y_i - w \cdot x_i \tag{2-35}$$

即最终得到了偏移量 b。

(3) 核方法

假设需要学习与变换后数据点 $\varphi(x_i)$ 的线性分类规则对应的非线性分类规则,且存在一个满足 $k(x_i, x_j) = \varphi(x_i) \cdot \varphi(x_j)$ 的核函数 k。

我们知道变换空间中的分类向量 w 满足

$$w = \sum_{i=1}^{n} c_i y_i \varphi(x_i) \tag{2-36}$$

其中 c_i 可以通过求解优化问题得到,即

$$\begin{aligned}
\text{maximize} f(c_1, \cdots, c_n) &= \sum_{i=1}^{n} c_i - \frac{1}{2} \sum_{i=1}^{n} \sum_{j=1}^{n} y_i c_i (\varphi(x_i) \cdot \varphi(x_j)) y_j c_j \\
&= \sum_{i=1}^{n} c_i - \frac{1}{2} \sum_{i=1}^{n} \sum_{j=1}^{n} y_i c_i k(x_i, x_j) y_j c_j
\end{aligned} \tag{2-37}$$

其约束条件为

$$\sum_{i=1}^{n} c_i y_i = 0 \text{ 且 } 0 \leqslant c_i \leqslant \frac{1}{2n\lambda} \tag{2-38}$$

与前面一样,可以使用二次规划来求解系数:

$$\begin{aligned}
b = w \cdot \varphi(x_i) - y_i &= \left[\sum_{k=1}^{n} c_k y_k \varphi(x_k) \cdot \varphi(x_i) \right] - y_i \\
&= \left[\sum_{k=1}^{n} c_k y_k k(x_k, x_i) \right] - y_i
\end{aligned} \tag{2-39}$$

最后,可以通过计算下式来分类新点:

$$z \mapsto \text{sgn}(w \cdot \varphi(z) + b) = \text{sgn}\left(\left[\sum_{i=1}^{n} c_i y_i k(x_i, z) \right] + b \right) \tag{2-40}$$

核方法的示意图如图 2-2 所示。

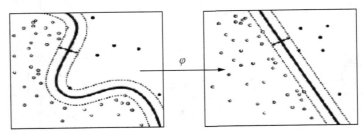

图 2-2　核方法的示意图

2.2.2　支持向量机的主要特点

支持向量机根据有限的样本信息在模型的复杂性和学习能力之间寻求最佳折中方案，以期获得最好的推广能力，从而使其学习机获得更好的推广性能，这恰恰是统计学习理论最重要的目标之一。支持向量机可以自动寻找对分类有较好区分能力的支持向量，由此构成的分类器可以最大化类与类之间的间隔。支持向量机的解不仅适用于样本量趋近于无穷的情况，而且在有限的样本规模下也能寻得最优解，通过转化算法的求解过程变成了一个二次寻优问题，从理论上来说会得到一个全局最优解。算法的求解与数据的维数无关，它将低维下的非线性问题转换成高维下的线性问题求解。但是求解支持向量机问题时需要转换成二次规划问题，需要较大的空间，这也是该算法的一个潜在缺陷。

3 基于有机成分含量的大豆产地溯源

目前,对于黑龙江省内产地大豆的有机成分产地溯源的研究还未见报道,两大产地的大豆中有机成分含量变化尚不清楚。因此本章以2015年和2016年连续两年在北安和嫩江两个大豆产地随机采集的97份大豆样本作为试验材料,通过测定大豆中的蛋白质、脂肪、灰分和可溶性糖含量,分析不同产地来源大豆样品的有机成分含量组成特征,探寻表征大豆产地来源的有效指标,探讨利用有机成分指纹分析溯源技术判别大豆产地来源的可行性,为黑龙江省建立大豆产地溯源方法奠定基础。

3.1 试 验 条 件

3.1.1 试验材料、试剂及设备

本试验于2015年和2016年10月10日—17日,采集统一耕整地、播种施肥、田间管理和收获环节全程机械化作业的北安和嫩江两个大豆产地的大豆样品。具体样品信息见表3−1、表3−2。

表 3−1 2015 年样品信息表

产地	样本数	品 种	经 度	纬 度	年均气温/℃	年均日照时数/h	年均降水量/mm
嫩江	20	2011、北豆42、黑河43、北豆10、嫩奥1092、北豆34、黑河45、黑河34、黑河52、登科1号、北豆34、黑科56、有机黑河43	124°44′~126°49′	48°42′~51°00′	2.6	2 832	621
北安	30	北汇豆1号、华疆2号、黑河农科研6号、黑河35、711、北豆42、北豆28、克山1号、北豆14、黑河24、垦鉴豆27、华疆4号	125°54′~128°34′	47°62′~49°62′	0.8	2 600	500

表 3 - 2 2016 年样本信息表

产地	样本数	品　种	经　度	纬　度	年均气温/℃	年均日照时数/h	年均降水量/mm
嫩江	18	北豆 16、北豆 36、华疆 2 号、克山 1 号、黑河 43、华疆 4 号、云禾 666、黑河 45、黑科 56、黑河 56、克山 1 号、黑河 45、1092、有机黑河 43	124°44′ ~ 126°49′	48°42′ ~ 51°00′	3.1	2 682	601
北安	29	黑河 7 号、黑河 1 号、7623、4404、北豆 40、东升 1 号、华江 2 号、北江 9 - 1、北豆 29、黑河 30、黑河 35、黑河 48、北豆 41、黑河 43、北豆 47、丰收 25、垦亚 56、金源 55、合农 95、龙垦 332、垦豆 41、垦丰 22、东富 1 号、九研 4、黑河 43、克山 1 号、1544、1092、克山 1 号、龙垦 332、6055、1734、东农 48	125°54′ ~ 128°34′	47°62′ ~ 49°62′	0.78	2 498	521

本试验所用试剂与仪器的主要信息见表 3 - 3 和表 3 - 4。

表 3 - 3 主要试剂及生产厂家

试剂名称	规格	生产厂家	试剂名称	规格	生产厂家
硼酸溶液(20 g/L)	分析纯	北京化学试剂研究所	硫酸钾	分析纯	北京化学试剂研究所
95% 乙醇	分析纯	北京化学试剂研究所	硫酸铜	分析纯	国药集团化学试剂有限公司
氢氧化钠	分析纯	北京化学试剂研究所	石油醚(沸程:30 ~ 60 ℃)	分析纯	国药集团化学试剂有限公司
亚甲基蓝指示剂	分析纯	北京化学试剂研究所	无水乙醚	分析纯	国药集团化学试剂有限公司
溴甲酚绿指示剂	分析纯	北京化学试剂研究所	乙酸镁	分析纯	国药集团化学试剂有限公司
甲基红指示剂	分析纯	北京化学试剂研究所	浓硫酸	优级纯	天津市制剂三厂
硼酸	分析纯	北京化学试剂研究所	苯酚	优级纯	北京化学试剂研究所
硫酸(1.84 g/L)	分析纯	北京化学试剂研究所	D - 无水葡萄糖	优级纯	北京化学试剂研究所

表 3 - 4   主要仪器型号及生产厂家

仪器名称	型号规格	生产厂家
高速多功能粉碎机	BLF - YB2000 型	深圳百利福工贸有限公司
组织捣碎机	800S	上海森信实验仪器有限公司
称量皿	40 mm × 25 mm	南通市卫宁实验器材有限公司
电热恒温鼓风干燥箱	DGG - 9023A 型	上海森信实验仪器有限公司
索氏提取器	HAD/SXT - 06	北京恒奥德仪器仪表有限公司
水浴锅	2 - 6 型双列六孔	上海雷韵试验仪器制造有限公司
电热板	新诺 DB - 3	盐城市创仕源电热设备有限公司
干燥器(内有干燥剂)	M359040	临沂市科航实验设备有限公司
瓷坩埚	25 mL	唐山市开平盛兴化学瓷厂
电子天平	梅特勒 AL104 型	美国梅特勒 - 托利多公司
马弗炉(温度 ≥ 600 ℃)	SX2 - 4 - 10	上海旦鼎国际贸易有限公司
石墨消解仪	SH420	济南海能仪器股份有限公司
全自动凯氏定氮仪	K9860	济南海能仪器股份有限公司
紫外分光光度计	Evolution 201 型	美国赛默飞世尔公司
电热恒温水浴锅	DK - S28 型	上海森信实验仪器有限公司
电子天平	XS 205 型	美国梅特勒 - 托利多公司

3.1.2   试验方法

1. 样品采集

试验样品在大豆成熟期进行采集,采集时间为 2015 年和 2016 年,每年 10 月 10 日—17 日在大豆未收割前进行。依据代表性采样原则,选择主产农场,每个农场按"S"形区域布点,每个区域布 9 个采样点,采集田间成熟的大豆籽粒。对北安和嫩江两个产地大豆保护范围内进行主栽品种随机采集,每个采样点按照不同方位采集 1 ~ 2 kg 大豆籽粒,记录采样地点、品种、经度、纬度、采样人、采样时间等信息。嫩江采样地点选择 8 个农场布点,北安采样地点选择 10 个农场布点。

2. 样本预处理方法

预处理时,将采集的大豆样品晾晒至水分 13% 以下,要求晾晒场地无扬尘、整洁、透光。将大豆样品用自来水和去离子水反复冲洗,放入 60 ℃ 的烘箱中鼓风干燥 8 h 至恒重,再用高速多功能粉碎机粉碎制得大豆全粉,待测。所有样本采用统一方式处理。

3. 样本有机含量测定

蛋白质含量采用凯氏定氮法(GB 5009.5—2010)测定;粗脂肪含量采用食品中粗脂肪的测定方法(GB/T 14772—2008)测定;灰分含量采用残余法(GB 5009.4—2010)测定;可溶性总糖含量采用硫酸 - 苯酚法测定。

3.1.3 数据处理

采用 SPSS 19.0 软件对数据进行方差分析、主成分分析、聚类分析和判别分析(逐步判别分析)。比较不同产地大豆中有机成分的显著性差异,建立大豆产地判别模型,判别大豆产地来源并验证产地判别效果。

3.2 结果与分析

3.2.1 不同产地大豆中有机成分含量的差异分析

试验取 2015 年北安和嫩江两个产地大豆样品共 50 份,其中北安 30 份,嫩江 20 份;2016 年北安和嫩江两个产地大豆样品共 47 份,其中北安 29 份,嫩江 18 份。试验针对大豆样品中的蛋白质、脂肪、可溶性总糖和灰分含量进行方差分析,不同产地大豆品质差异分析结果见表 3 - 5、表 3 - 6。

表 3 - 5 2015 年不同产地大豆品质差异分析

有机成分含量	指标	北安	嫩江
蛋白质 / (g/100 g)	均值 ± 标准偏差	33.80 ± 1.97^a	34.68 ± 1.31^a
	变幅	29.20 ~ 37.50	32.50 ~ 37.10
	变异系数 /%	5.84	3.78
脂肪 /(g/100 g)	均值 ± 标准偏差	18.87 ± 1.14^a	19.00 ± 0.65^a
	变幅	16.80 ~ 21.40	17.60 ~ 20.50
	变异系数 /%	6.04	3.44
可溶性总糖 /(μg/mL)	均值 ± 标准偏差	39.06 ± 8.54^a	32.90 ± 8.34^b
	变幅	23.40 ~ 54.00	22.22 ~ 52.45
	变异系数 /%	21.86	25.35
灰分 /(g/100 g)	均值 ± 标准偏差	5.26 ± 0.18^a	5.01 ± 0.22^b
	变幅	4.80 ~ 5.50	4.50 ~ 5.40
	变异系数 /%	3.41	4.48

注:表中的 a,b 表示显著性差异($P < 0.05$)。

表 3 - 6 2016 年不同产地大豆品质差异分析

有机成分含量	指标	北安	嫩江
蛋白质 / (g/100 g)	均值 ± 标准偏差	33.11 ± 1.82^b	35.44 ± 1.71^a
	变幅	30.73 ~ 38.07	32.43 ~ 38.83
	变异系数 /%	5.49	4.82
脂肪 / (g/100 g)	均值 ± 标准偏差	18.53 ± 1.10^a	18.61 ± 0.91^a
	变幅	15.73 ~ 20.77	16.50 ~ 20.20
	变异系数 /%	5.96	4.91

有机成分含量	指标	北安	嫩江
可溶性总糖 /(μg/mL)	均值 ± 标准偏差	50.74 ± 7.73^{a}	34.20 ± 3.65^{b}
	变幅	37.67 ~ 63.33	28.59 ~ 41.08
	变异系数 /%	15.24	10.68
灰分 /(g/100 g)	均值 ± 标准偏差	4.93 ± 0.28^{a}	5.07 ± 0.33^{a}
	变幅	4.10 ~ 5.70	4.60 ~ 5.80
	变异系数 /%	5.58	6.44

注:表中的 a,b 表示显著性差异($P < 0.05$)。

由表 3 – 5、表 3 – 6 可知,4 项有机成分指标在产地间均存在显著性差异,不同产地来源的大豆样品有机成分含量有其各自的特征。

由表 3 – 5 可知,2015 年嫩江大豆样品的蛋白质、脂肪含量较高,而可溶性总糖和灰分含量较低;北安大豆样品的可溶性总糖和灰分含量较高,而蛋白质、脂肪含量较低。4 种有机成分指标在不同产地之间的差异均达到了显著水平($P < 0.05$)。从表中还可看出,一些指标在同一产地的变异系数相对较大,如北安大豆产地的可溶性总糖含量的变异系数为 21.86%;嫩江大豆产地的可溶性总糖含量的变异系数为 25.35%,说明有机成分含量在同一县市不同农场内的差异也较大。

由表 3 – 6 可知,2016 年嫩江大豆样品的蛋白质、脂肪和灰分含量较高,而可溶性总糖含量较低;北安大豆样品的可溶性总糖含量较高,而蛋白质、脂肪和灰分含量较低。4 种有机成分指标在不同产地之间的差异均达到了显著水平($P < 0.05$)。从表中还可看出,一些指标在同一产地的变异系数相对较大,如北安大豆产地的可溶性总糖含量的变异系数为 15.24%;嫩江大豆产地的可溶性总糖含量的变异系数为 10.68%,说明有机成分含量在同一县市不同农场内的差异也较大。

从这两年的试验结果中发现,大豆的蛋白质含量在 29.20 ~ 38.83 g/100 g 范围内变化,这与常鑫在黑龙江省选取的 39 个主栽品种大豆中测得的蛋白质含量变化范围(34.46 ~ 45.13 g/100 g)相近;大豆的脂肪含量在 15.73 ~ 21.40 g/100 g 范围内变化,这与孙梦阳在黑龙江省选取的 92 个主栽大豆品种测得的脂肪含量变化范围(17.40 ~ 23.09 g/100 g)相近;大豆的可溶性总糖含量在 22.22 ~ 63.33 μg/mL 范围内变化,这与郁晓敏选取 63 份浙江大豆品种测得的可溶性总糖含量变化范围(12.12 ~ 71.58 μg/mL)相近;大豆的灰分含量在 4.10 ~ 5.80 g/100 g 范围内变化,这与宋莲军在河南省博爱农场选取的 24 个大豆品种测得的灰分含量变化范围(4.45 ~ 5.48 g/100 g)相近。故该试验所测的大豆蛋白质、脂肪、可溶性总糖和灰分含量具有实际可参考性。

3.2.2 不同产地大豆中有机成分含量的主成分分析

主成分分析中抽取的是特征值大于 1 的成分,且主要运用最大方差法进行特征指标的选择。

对 2015 年在地域间存在显著差异的 4 种有机成分进行主成分分析,前 2 个主成分中各变量的特征向量及累计方差贡献率见表 3 – 7。

表 3 - 7　2015 年样品的前 2 个主成分中各变量的特征向量及累计方差贡献率

成分矩阵[a]

有机成分	主成分	
	1	2
蛋白质	- 0.865	- 0.260
灰分	0.736	- 0.478
脂肪	0.721	0.603
可溶性总糖	0.555	0.155
方差贡献率/%	47.156	26.511
累计贡献率/%	47.156	73.668

注:提取方法为主成分。

a.已提取了 2 个成分。

由表 3 - 7 可知,2015 年大豆样品有机成分的 73.668% 的累计贡献率来自前 2 个主成分。

2015 年样品的主成分载荷见表 3 - 8。

表 3 - 8　2015 年样品的主成分载荷表

成分矩阵[a]

有机成分	主成分	
	1	2
蛋白质	*- 0.976*	0.053
脂肪	*1.193*	0.278
可溶性总糖	*0.615*	- 0.044
灰分	0.144	*- 0.627*

注:斜体数据表示各元素在提取的 2 个主成分中载荷绝对值的最大值。

由表 3 - 8 主成分载荷表可知,2015 年的大豆样品中的蛋白质含量、脂肪含量、可溶性总糖含量均在第 1 主成分上载荷较大,即与第 1 主成分的相关程度较高;灰分含量在第 2 主成分上载荷较大,即与第 2 主成分的相关程度较高。因此可将主成分定义如下:第 1 主成分为蛋白质含量、脂肪含量和可溶性总糖含量;第 2 主成分为灰分含量。

2015 年样品的前 2 个主成分的特征向量雷达图见图 3 - 1。

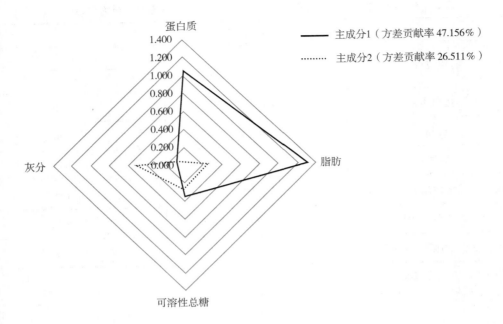

图 3 - 1 2015 年样品的前 2 个主成分的特征向量雷达图

由图 3 - 1 主成分特征向量雷达图可以更清楚地看出,2015 年大豆样品中的 2 个主成分中有机成分的分布情况。

利用第 1,2 主成分的标准化得分画出 2015 年不同产地大豆主成分得分图,见图 3 - 2。

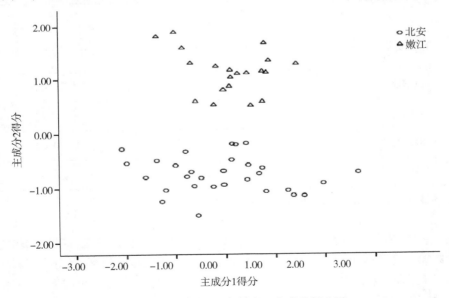

图 3 - 2 2015 年不同产地大豆主成分得分图

由图 3 - 2 可知,2015 年不同产地的大豆样品均能 100% 地正确区分,且两个产地样品均无交叉。第 1,2 主成分主要综合了大豆样品中蛋白质、脂肪、可溶性总糖、灰分含量信息。

可见,主成分分析可以把样品中多种元素的信息通过综合的方式更直观地表现出来。

对 2016 年在地域间存在显著差异的 4 种有机成分进行主成分分析,前 2 个主成分中各变量的特征向量及累计方差贡献率见表 3 - 9。

表 3 - 9　2016 年样品的前 2 个主成分中各变量的特征向量及累计方差贡献率

成分矩阵ᵃ		
有机成分	主成分	
	1	2
蛋白质	- 0.903	0.311
脂肪	0.852	0.277
可溶性总糖	0.286	- 0.866
灰分	0.445	0.658
方差贡献率/%	45.515	33.929
累计贡献率/%	45.515	79.444

注:提取方法为主成分。

a. 已提取了 2 个成分。

由表 3 - 9 可知,2016 年大豆样品中有机成分的 79.444% 的累计贡献率来自前 2 个主成分。

2016 年样品的主成分载荷见表 3 - 10。

表 3 - 10　2016 年样品的主成分载荷表

成分矩阵ᵃ		
有机成分	主成分	
	1	2
蛋白质	*- 0.760*	0.478
脂肪	*0.920*	0.098
可溶性总糖	- 0.032	*- 0.892*
灰分	*0.663*	0.547

注:斜体数据表示各元素在提取的 2 个主成分中载荷绝对值的最大值。

由表 3 - 10 主成分载荷表可知,2016 年的大豆样品中的蛋白质含量、脂肪含量和灰分含量在第 1 主成分上载荷较大,即与第 1 主成分的相关程度较高;可溶性总糖含量在第 2 主成分上载荷较大,即与第 2 主成分的相关程度较高。因此可将主成分命名如下:第 1 主成分为蛋白质含量、脂肪含量和灰分含量;第 2 主成分为可溶性总糖含量。

2016 年样品的前 2 个主成分的特征向量雷达图见图 3 - 3。

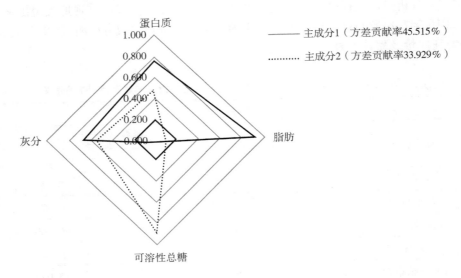

图 3 - 3　2016 年样品的前 2 个主成分的特征向量雷达图

由图 3 - 3 主成分特征向量雷达图可以更清楚地看出,2016 年大豆样品中的 2 个主成分中有机成分元素的分布情况。

利用第 1,2 主成分的标准化得分画出 2016 年不同产地大豆主成分得分图,见图 3 - 4。

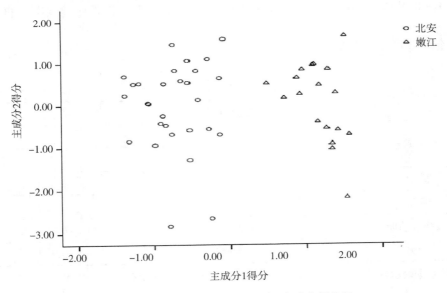

图 3 - 4　2016 年不同产地大豆主成分得分图

由图 3 - 4 可知,2016 年不同产地的大豆样品均能 100% 地正确区分,且两个产地样品均无交叉。第 1,2 主成分主要综合了大豆样品中蛋白质、脂肪、可溶性总糖、灰分含量信息。可见,主成分分析可以把样品中多种元素的信息通过综合的方式更直观地表现出来。

3.2.3　不同产地大豆中有机成分含量的聚类分析

采用系统聚类法,对 2015 年北安和嫩江两个产地 50 份大豆样品中的蛋白质含量、脂肪含量、可溶性总糖含量和灰分含量进行聚类分析。聚类分析中采用的聚类方法是 Ward 连接法,度量标准为平方欧氏距离。分析结果见图 3 - 5 使用 Ward 连接的树状图。

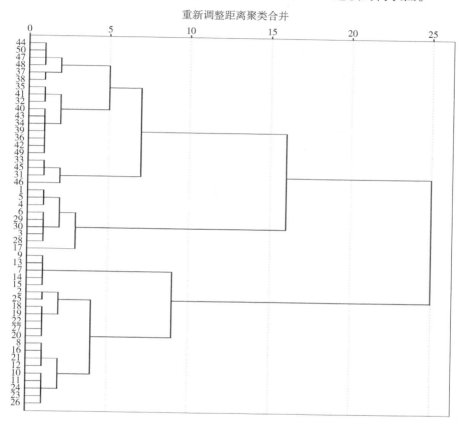

1 ～ 30 为北安;31 ～ 50 为嫩江。

图 3 - 5　使用 Ward 连接的树状图

由图 3 - 5 可知,当聚类标准(距离)不同时,聚类结果不同。从聚类距离为 20 处切断树状图时,样品被分为两大类:第一类为北安样品;第二类为嫩江样品。其中虽然有 9 个北安样品(1,3,4,5,6,17,28,29,30)错误地归入嫩江地区,但是在树状图上可以看出这 9 个样品已归为一类。虽然聚类过程中北安有接近 1/3 的个别样品出现归类错误,但大多数大豆样品产地的区分取得了较好的效果。

采用系统聚类法,对 2016 年北安和嫩江两个产地 47 份大豆样品中的蛋白质含量、脂肪含量、可溶性总糖含量和灰分含量进行聚类分析,聚类方法为 Ward 连接法、度量标准为平方欧氏距离,分析结果见图 3 - 6 使用 Ward 连接的树状图。

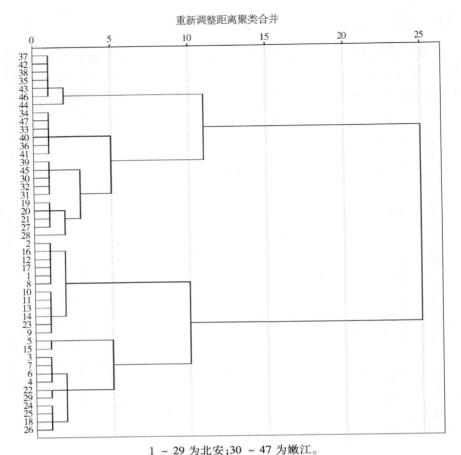

1 ~ 29 为北安;30 ~ 47 为嫩江。

图 3 - 6　使用 Ward 连接的树状图

由图 3 - 6 可知,当聚类标准(距离)不同时,聚类结果不同。从聚类距离为 15 处切断树状图时,样品被分为两大类:第一类为北安样品;第二类为嫩江样品,其中有 5 个北安样品(19,20,21,27,28)归类错误。虽然聚类过程中北安有 1/6 的样品归类错误,但大多数大豆样品产地的区分取得了较好的效果。

3.2.4　不同产地大豆中有机成分含量的判别分析

1. 2015 年两个产地大豆有机成分含量的判别分析

利用 4 种有机成分作为分析指标,对 2015 年北安和嫩江两个产地的大豆样本进行产地溯源,利用 Fisher 函数、交叉检验,逐步判别法进行判别分析。

2015 年北安和嫩江两个产地大豆中有机成分判别结果见表 3 - 11。

表 3 – 11　2015 年北安和嫩江产地大豆中有机成分判别分类结果

分类结果[b,c]

		产地	预测组成员		合计
			嫩江	北安	
初始	计数	嫩江	17	4	21
		北安	3	26	29
	占比 /%	嫩江	81.0	19.0	100.0
		北安	10.3	89.7	100.0
交叉验证[a]	计数	北安	17	4	21
		嫩江	3	26	29
	占比 /%	北安	81.0	19.0	100.0
		嫩江	10.3	89.7	100.0

注:a. 仅对分析中的案例进行交叉验证。在交叉验证中,每个案例都是按照从该案例以外的所有其他案例派生的函数来分类的。

b. 已对初始分组案例中的 86.0% 的样品进行了正确分类。

c. 已对交叉验证分组案例中的 86.0% 的样品进行了正确分类。

由表 3 – 11 可知,利用 4 种有机成分,成功将 2015 年的北安和嫩江两个大豆产地进行区分,并实现了两个产地大豆原产地的判别,其判别正确率达 86.0%。

为验证判别分析的准确性,从北安和嫩江两个产地 18 个大豆产地 50 个大豆样品以外的大豆产地采集 6 份样品(哈尔滨、齐齐哈尔各 3 份样品)作为判别变量。将原有的北安和嫩江两个产地 50 个大豆有机成分数据和作为判别变量的 6 个大豆有机成分数据定义为一个分组变量。方法同上,判别结果见表 3 – 12、表 3 – 13。

表 3 – 12　大豆中有机成分分类函数系数

分类函数系数

有机成分	产　地	
	嫩江	北安
脂肪(X_1)	12.120	10.865
可溶性总糖(X_2)	− 0.101	0.035
灰分(X_3)	104.414	113.041
常量	− 375.726	− 401.173

注:Fisher 的线性判别式函数。

由表 3 – 12 可得两个地区的判别模型:

模型(1)

$$Y_{嫩江} = 12.120X_1 - 0.101X_2 + 104.414X_3 - 375.726 \tag{3-1}$$

模型(2)

$$Y_{北安} = 10.865X_1 + 0.035X_2 + 113.041X_3 - 401.173 \qquad (3-2)$$

通过以上两个判别模型分析得到如下产地判别分类结果,见表3-13。

表3-13　北安和嫩江产地大豆中有机成分判别分类结果

分类结果[b,c]		产地	预测组成员		合计
			嫩江	北安	
初始	计数	嫩江	17	4	21
		北安	3	26	29
		未分组的案例	5	1	6
	占比/%	嫩江	81.0	19.0	100.0
		北安	10.3	89.7	100.0
		未分组的案例	83.3	16.7	100.0
交叉验证[a]	计数	嫩江	17	4	21
		北安	3	26	29
	占比/%	嫩江	81.0	19.0	100.0
		北安	10.3	89.7	100.0

注:a. 仅对分析中的案例进行交叉验证。在交叉验证中,每个案例都是按照从该案例以外的所有其他案例派生的函数来分类的。

　　b. 已对初始分组案例中的86.0%的样品进行了正确分类。

　　c. 已对交叉验证分组案例中的86.0%的样品进行了正确分类。

由表3-13可知,通过3个有机成分指标,成功将北安和嫩江两个产地的判别组样品判别出来,正确判别率为86.0%。该模型对北安、嫩江大豆产地的正确判别率分别为81.0%,89.7%。交叉验证结果显示,北安和嫩江地区的整体判别的正确率为86.0%,其中北安有81%的样品被正确识别,嫩江有89.7%的样品被正确识别。交叉检验的错判率为14.65%,小于20%,满足判别效果误判率要求,对大豆产地判别具有应用价值(一般用误判率来衡量判别效果,要求误判率小于10%或20%才有应用价值)。

2.2016年两个产地大豆有机成分含量的判别分析

利用4种有机成分作为分析指标,对2016年北安和嫩江两个产地的大豆样本进行产地溯源,利用Fisher函数、交叉检验,逐步判别法进行判别分析,分析结果见表3-14。

表 3 - 14　2016 年北安和嫩江产地大豆中有机成分判别分类结果

分类结果[b,c]			预测组成员		合计
		产地	北安	嫩江	
初始	计数	北安	26	3	29
		嫩江	1	17	18
	占比/%	北安	89.7	10.3	100.0
		嫩江	5.6	94.4	100.0
交叉验证[a]	计数	北安	25	4	29
		嫩江	1	17	18
	占比/%	北安	86.2	13.8	100.0
		嫩江	5.6	94.4	100.0

注:a. 仅对分析中的案例进行交叉验证。在交叉验证中,每个案例都是按照从该案例以外的所有其他案例派生的函数来分类的。

　b. 已对初始分组案例中的 91.5% 的样品进行了正确分类。

　c. 已对交叉验证分组案例中的 89.4% 的样品进行了正确分类。

由表 3 - 14 可知,利用 4 种有机成分,可成功将 2016 年的黑龙江省大豆两大主产地的大豆样品进行区分,实现了北安和嫩江两个大豆原产地的判别,其判别正确率达 91.5%。

为验证判别分析的准确性,从北安和嫩江两个产地的 16 个大豆产地、47 个大豆样品以外的大豆产地采集 12 份样品(北安和嫩江两个产地各 6 份样品)作为判别变量。将原有的北安和嫩江两个产地 47 个大豆有机成分数据和作为判别变量的 12 个大豆有机成分数据定义为一个分组变量。方法同上,判别结果见表 3 - 15、表 3 - 16。

表 3 - 15　大豆中有机成分分类函数系数

分类函数系数		
有机成分	产　地	
	北安	嫩江
蛋白质含量(X_1)	50.657	52.391
脂肪含量(X_2)	80.587	82.346
可溶性总糖含量(X_3)	2.964	2.793
常量	- 1 664.162	- 1 749.364

注:Fisher 的线性判别式函数。

由表 3 - 15 可得两个地区的判别模型:

模型(1)

$$Y_{北安} = 50.657X_1 + 80.587X_2 + 2.964X_3 - 1 664.162 \qquad (3 - 3)$$

模型(2)

$$Y_{嫩江} = 52.391X_1 + 82.346X_2 + 2.793X_3 - 1\,749.364 \qquad (3-4)$$

通过以上两个判别模型分析得到如下产地判别分类结果,见表3-16。

表3-16 北安和嫩江产地大豆中有机成分判别分类结果

分类结果[b,c]		产地	预测组成员		合计
			北安	嫩江	
初始	计数	北安	30	5	35
		嫩江	1	23	24
	占比/%	北安	85.7	14.3	100.0
		嫩江	4.2	95.8	100.0
交叉验证[a]	计数	北安	29	6	35
		嫩江	1	23	24
	占比/%	北安	82.9	17.1	100.0
		嫩江	4.2	95.8	100.0

注:a. 仅对分析中的案例进行交叉验证。在交叉验证中,每个案例都是按照从该案例以外的所有其他案例派生的函数来分类的。

　　b. 已对初始分组案例中的89.8%的样品进行了正确分类。

　　c. 已对交叉验证分组案例中的88.1%的样品进行了正确分类。

　　由表3-16可知,通过3个有机成分指标,成功将北安和嫩江两个产地的判别组样品判别出来,正确判别率为89.8%。该模型对北安、嫩江大豆产地的正确判别率分别为85.7%,95.8%。交叉验证结果显示,北安和嫩江地区的整体判别的正确率为88.1%,其中北安有82.9%的样品被正确识别,嫩江有95.8%的样品被正确识别。交叉检验的错判率为10.65%,小于20%,满足判别效果误判率要求。判别率没有达到100%的原因主要是不同品种的大豆所吸收土壤环境中的营养成分不同,其中产地的土壤环境又包括土壤、空气、水、日照时间及温度等,这些因素都会不同程度地影响大豆对有机成分的吸收,导致有些大豆样品营养成分的吸收相接近,分析过程中会错判到其他地区,故判别率达不到100%,但是以上得到的判别率符合统计学要求的标准(一般用误判率来衡量判别效果,要求误判率小于10%或20%才有应用价值)。因此,以上得到的判别模型具有实际应用价值。

3.2.5　产地、品种和年际对大豆有机成分含量的影响分析

　　通过SPSS软件一般线性模型实现多变量分析,即主效应和交互效应的方差分析,以及产地、品种、年际及其交互作用对各有机成分含量的影响分析,结果见表3-17。

表 3 – 17　产地、品种和年际对大豆有机成分含量的影响分析表

主体间效应的检验

源	因变量	Ⅲ 型平方和	df	均方	F	Sig.	偏 Eta 方
年际	蛋白质含量	0.529	1	0.529	0.140	0.709	0.001
	脂肪含量	3.147	1	3.147	3.174	0.078	0.032
	可溶性糖含量	1 479.197	1	1 479.197	15.921	0.000	0.144
	灰分	0.759	1	0.759	10.596	0.002	0.100
产地	蛋白质含量	57.464	1	57.464	18.144	0.000	0.160
	脂肪含量	0.310	1	0.310	0.303	0.583	0.003
	可溶性糖含量	2 941.794	1	2 941.794	37.951	0.000	0.285
	灰分	0.075	1	0.075	0.957	0.330	0.010
品种	蛋白质含量	159.501	41	3.890	1.076	0.396	0.445
	脂肪含量	55.623	41	1.357	1.789	0.022	0.571
	可溶性糖含量	4394.922	41	107.193	0.997	0.498	0.426
	灰分	4.486	41	0.109	1.954	0.010	0.593
年际与产地	蛋白质含量	12.336	1	12.336	3.981	0.049	0.041
	脂肪含量	0.014	1	0.014	0.014	0.905	0.000
	可溶性糖含量	620.731	1	620.731	10.820	0.001	0.104
	灰分	0.898	1	0.898	14.344	0.000	0.134
产地与品种	蛋白质含量	13.591	4	3.398	1.237	0.307	0.090
	脂肪含量	1.527	4	0.382	0.478	0.752	0.037
	可溶性糖含量	302.489	4	75.622	0.892	0.476	0.067
	灰分	0.149	4	0.037	0.723	0.581	0.055
年际与品种	蛋白质含量	22.159	5	4.432	1.229	0.310	0.111
	脂肪含量	3.449	5	0.690	0.896	0.491	0.084
	可溶性糖含量	30.992	5	6.198	0.055	0.998	0.006
	灰分	0.488	5	0.098	2.068	0.085	0.174
年际、产地与品种	蛋白质含量	28.565	10	2.856	1.020	0.443	0.192
	脂肪含量	5.784	10	0.578	0.705	0.715	0.141
	可溶性糖含量	666.473	10	66.647	0.923	0.522	0.177
	灰分	0.772	10	0.077	1.867	0.077	0.303

　　由表 3 – 17 可知,年际对可溶性总糖和灰分含量有极显著差异($P < 0.01$)。产地对蛋白质、可溶性总糖含量有极显著差异($P < 0.01$);品种对脂肪和灰分有显著差异($P < 0.05$);产地和年际的交互作用对大豆中可溶性总糖和灰分含量有极显著影响($P < 0.01$),对大豆

中蛋白质含量有显著影响（$P < 0.05$）；品种和年际、产地和品种，以及产地、品种和年际的交互作用对有机成分含量的影响作用没有分析出来，表明其对大豆中的有机成分的影响不显著。

3.3　本　章　小　结

本章以 2015 年和 2016 年采集的北安和嫩江两个产地共 97 份大豆样本为研究对象，采用凯氏定氮法、索氏提取法、残余法、苯酚－硫酸法对大豆中的蛋白质、脂肪、灰分和可溶性总糖含量进行了测定，结果如下：

（1）利用 SPSS 数据处理系统分析不同产地大豆样品中的有机成分组成差异特征，结合方差分析、主成分分析、聚类分析、判别分析对大豆样品的产地进行区分（判别归属），进一步证实了营养元素指纹分析技术判别大豆产地溯源是可行的。

（2）2015 年通过脂肪、可溶性总糖和灰分 3 项指标可成功区分两个大豆主产地的大豆来源。2016 年通过蛋白质、脂肪和可溶性总糖这 3 项有效指标建立的判别模型，可成功区分两个大豆主产地的大豆来源。

（3）对采集两年的大豆进行有机成分的分析所确定的判别指标有所差异，其中脂肪、可溶性总糖是两年共同的判别指标，可见有机成分不仅与产地因素相关，也与年际、大豆的品种等因素密切相关。对影响大豆有机成分的因素进行分析，发现产地、品种和年际对大豆中有机成分都有不同程度的差异影响。

（4）本书对北安和嫩江两个大豆产地两年的整体交叉检验判别的正确率均可达到 85.0% 以上，故大豆样品中有机成分含量在不同产地间存在显著性差异，具有独特的地域品质特征。可见有机成分分析技术结合多元统计学方法是用于大豆判别归属和产地溯源的一种有效方法。

综上所述，该项研究仅进行了初步的可行性研究，且产地的判别正确率仅仅达到了 85.0% 以上，为了提高产地溯源的判别效率，使农产品产地溯源判别正确率提高且稳定，须采用矿物元素指纹图谱技术对大豆产地溯源进行进一步研究。

4　基于矿物元素含量的大豆产地溯源

目前,关于黑龙江省产地大豆的矿物元素产地溯源技术的研究还未见报道,两个大豆产地大豆样品中矿物元素含量变化尚不清楚,影响因素尚不明确。故本章利用2015年和2016年连续两年在北安和嫩江两个大豆产地建立田间试验模型来随机采集113份大豆样品作为试验材料,利用ICP－MS分析两个大豆产地大豆样品中矿物元素组成的差异特征,旨在探究建立黑龙江省主产地大豆产地溯源方法的可行性。

4.1　试　验　条　件

4.1.1　试验主要试剂及仪器

本试验所用试剂及仪器的主要信息见表4－1和表4－2。

表4－1　主要试剂及生产厂家

试剂名称	规　　格	生产厂家
单元素国家标准溶液	1 000 mg/L	国家标准物质采购中心
超纯水	电阻率为18.2 MΩ·cm(20 ℃)	国家杂粮科学技术研究中心
内标(Bi、Ge、In)	优级纯GR	美国Agilent公司
盐酸	分析纯AR	北京化学试剂研究所
浓硫酸	优级纯GR	北京化学试剂研究所
浓硝酸(65%)	优级纯GR	北京化学试剂研究所
过氧化氢	优级纯GR	北京化学试剂研究所
多元素标准溶液5183－4688	—	美国安捷伦公司
多元素标准溶液8500－6944	—	美国安捷伦公司
多元素标准溶液8500－6948	—	美国安捷伦公司
过100目筛的大豆粉样品	—	—
土壤标准物质	GBW(E)070041	中国标准物质采购中心
苏丹－Ⅲ	分析纯	北京欣经科生物技术有限公司
无水乙醇溶液	分析纯	国药集团化学试剂有限公司
生物成分分析标准物质－大豆	GBW10055	中国标准物质采购中心

表 4 - 2　主要仪器型号及生产厂家

仪器名称	型　　号	生产厂家
水分测定仪	MB25 型	上海仪电分析仪器有限公司
电热恒温鼓风干燥箱	DGG - 9023A 型	上海森信实验仪器有限公司
电子天平	梅特勒 AL104 型	美国梅特勒 - 托利多公司
高通量密闭微波消解系统	Mars6 型	美国 CEM 公司
超纯水设备	Smart - N - 15UV 型	苏州江东精密仪器有限公司
电感耦合等离子体发射光谱仪	iCAP 6000 系列	美国 Thermo 公司
高速多功能粉碎机	BLF - YB2000 型	深圳百利福工贸有限公司
筛子(3 个)	100 目型	南京建成生化试剂公司
压片机	PP40	德国 Retsch 公司

4.1.2　试验方法

1. 田间试验设计

田间试验于2015—2016 年以北安和嫩江两个大豆产地为试验点,各选3 块试验田块,选择当地主栽种晚熟大豆品种10 个(黑河 52、黑河 43、黑河 45、黑河 36、黑河 48、黑河 38、北豆 21、北豆 10、北豆 5、克山 1 号),详见表 4 - 3,3 次重复,每个试验田块面积不少于10 m²,周围设保护行,且保护行品种与各对应品种相同。试验田块按照当地大豆大田管理模式统一进行管理。管理模式如下。

每公顷施尿素 25 ~ 35 kg,钾肥 50 ~ 75 kg,磷酸二铵 150 ~ 225 kg。大豆在初花期每公顷用磷酸二氢钾 1.5 kg 溶于 200 kg 水中进行喷施。分别于 2015 年和 2016 年的 7 月 20 日喷叶面肥和虫药:用菊酯类农药进行防治幼虫,每公顷用 2.5% 敌杀死乳油 0.24 ~ 0.36 L 加水 500 kg,进行叶面喷施。分别于 2015 年和 2016 年的 8 月 5 日喷叶面肥和虫药:每公顷用10% 的吡虫啉 1.5 kg 兑水 450 ~ 500 kg 喷施。

表 4 - 3　样品信息表

品种	品种来源	育种单位	审定编号	适宜种植区域
黑河 52	^{60}Coγ 射线诱变选育	黑龙江省农业科学院黑河分院	黑审豆 2010014	黑龙江省第四积温带
黑河 43	黑交 92 - 1544 × 黑交 94 - 1211,经有性杂交,系谱选育	黑龙江省农业科学院黑河农科所	黑审豆 2007011	黑龙江省第四积温带
黑河 45	北丰 11 号 × 黑河 26 号,经有性杂交,系谱选育	黑龙江省农业科学院黑河农科所	黑审豆 2007013	黑龙江省第五积温带
北豆 21	垦鉴豆 28 × 北丰二号	黑龙江省农垦总局北安农业科学研究所	国审豆 2008012	黑龙江省第四积温带

品种	品种来源	育种单位	审定编号	适宜种植区域
黑河 36	北 87－9×九三 90－66	黑龙江省农科院黑河农科所	国审豆 2004006	黑龙江省第三积温带
克山 1 号	黑河 18×绥农 14 号,卫星搭载	黑龙江省农业科学院克山分院	国审豆 2009002	黑龙江省第三积温带
北豆 10	黑河 18×北丰 12 号	黑龙江省农垦总局北安农业科学研究所	国审豆 2007009	黑龙江省第三积温带
黑河 48	黑河 95－750×黑河 96－1240	黑龙江农业科学院黑河农业科学研究所	国审豆 2007008	黑龙江省第三积温带下限和第四积温带
北豆 5 号	北丰 8 号×北丰 11,经有性杂交,系谱选育	北安华疆种业与农垦北安科研所	黑审豆 2006013	黑龙江省第四积温带
黑河 38	(黑河 9 号×黑交 85－1033)×(合丰 26 号×黑交 83－889),系谱选育	黑龙江省农业科学院黑河农科所	黑审豆 2005007	黑龙江省第四积温带

2. 样品采集

在大豆成熟期每个试验田随机选择 3 个点作为重复,依据代表性采样原则,每个点收割 4 m² ,收集 1～2 kg 大豆,编号并记录样本信息。每年每个试验点共采集 30 个大豆样本;多点采集对应的土壤样品。大豆和土壤样本信息见表 4－4。

表 4－4　大豆和土壤样本信息表

产地	样本数(大豆/土壤)	品种	经度	纬度	年均气温/℃	年均日照时数/h	年降水量/mm
嫩江	20/40(2015 年)39/40(2016 年)	2011、北豆 42、黑河 43、北豆 10、嫩奥 1092、北豆 34、黑河 45、黑河 34、黑河 52、登科 1 号、北豆 34、黑科 56、有机黑河 43	124°44′～126°49′	48°42′～51°00′	2.6	2 832	621
北安	30/60(2015 年)24/60(2016 年)	北汇豆 1 号、华疆 2 号、黑河农科研 6 号、黑河 35、711、北豆 42、北豆 28、克山 1 号、北豆 14、黑河 24、垦鉴豆 27、华疆 4 号	125°54′～128°34′	47°62′～49°62′	0.8	2 600	500

3. 样本预处理方法

选取无破损、无虫蚀饱满的大豆样品 100 g 作为分析样品。将大豆样品先用蒸馏水冲洗干净再用去离子水冲洗数次,放入 60 ℃的烘箱中鼓风干燥 8 h,再用高速多功能粉碎机粉碎制得大豆全粉,过 100 目筛待测。所有样本采用统一方式处理。土壤样品在室内通风处自然晾干,挑出杂草、石块、小虫尸体等杂质,大块用木槌敲碎,然后用土壤粉碎机粉碎,过 100 目筛分装待测。

4. 样本消解及元素含量测定

参考赵海燕等的方法,准确称取 0.200 0 g 大豆全粉,置于消化管中,加入 6 mL 浓硝酸(65%,分析纯)和 3 mL 盐酸(37%,分析纯),放入 MARS 高通量密闭微波消解仪(CEM 公司)中,采用程序升温法进行微波消解。消解后得到澄清的溶液,溶液经排酸后用超纯水(电阻率大于 18.2 MΩ·cm)洗出样品,定容到 100 mL。采用同样方法进行空白样品和大豆标准物样品消解。

土壤样品消解方法为:准确称取 0.05 g 样品,放入 25 mL 专用溶样罐中;先用少量水润湿,轻轻晃动使样品均匀;分别加入 3 mL 氢氟酸、1 mL 浓硝酸、5 滴高氯酸;盖上专用溶样罐盖,在低温电热板上 200 ℃加热 48 h 溶解;待样品分解后,打开溶样罐,在低温电热板上加热蒸至近干,用 4% 硝酸提取至 50 mL 容量瓶中,摇匀后备用。

ICP - MS 工作参数为射频功率 1 280 W,雾化室温度 2 ℃,冷却水流量 1.47 L/min,载气流量 1.0 L/min,补偿气体流量 1.0 L/min,仪器测定大豆样品和对比标准物中 Na、Mg、Al、K、Ca、Sc、V、Cr、Mn、Fe、Co、Ni、Cu、Zn、As、Se、Rb、Sr、Y、Mo、Ru、Rh、Rd、Ag、Cd、Sn、Sb、Te、Cs、Ba、La、Ce、Pr、Nd、Sm、Eu、Gd、Tb、Dy、Ho、Er、Tm、Yb、Lu、Hf、Ir、Pt、Au、Tl、Pb、Th 和 U 共 52 种矿物元素的含量。测定过程要求对比标准物中元素的回收率均大于 90%。

用外标法进行定量分析,以美国 Agilent 公司的环境标样(Part#5183 - 4680,Agilent)为标准样品,用内标元素 In、Li、Y、Tb、Bi 和 Ge 保证仪器的稳定性。当内标元素的相对标准偏差(RSD)大于 5% 时,需要对样品重新测定,且每个样品重复测定 3 次。仪器元素的检出限(LOD)和定量限(LOQ)见表 4 - 5。

表 4 - 5　ICP - MS 仪器测定多种矿物元素的检出限和定量限

元素	LOD /(μg/kg)	LOQ /(μg/kg)	元素	LOD /(μg/kg)	LOQ /(μg/kg)
Mg	0.005	0.017	As	0.008	0.026
Al	0.092	0.307	Sr	0.146	0.485
Ca	0.139	0.046	Mo	0.742	0.247
Mn	0.001	0.004	Cd	0.006	0.018
Fe	0.011	0.037	Ba	0.009	0.031
Cu	0.005	0.017	Pb	0.004	0.015
Zn	0.005	0.016	Na	0.009	0.029
K	0.014	0.047	Sc	0.001	0.002
V	0.005	0.017	Cr	0.007	0.024
Co	0.005	0.016	Ni	0.005	0.017

元素	LOD /（μg/kg）	LOQ /（μg/kg）	元素	LOD /（μg/kg）	LOQ /（μg/kg）
Se	0.017	0.057	Rb	0.001	0.001
Y	0.024	0.079	Ru	0.003	0.010
Rh	0.056	0.187	Pd	0.007	0.023
Ag	0.087	0.027	Sn	0.002	0.007
Sb	0.006	0.020	Te	0.010	0.034
Cs	0.001	0.001	La	0.022	0.073
Ce	0.002	0.007	Pr	0.018	0.058
Nd	0.017	0.055	Sm	0.016	0.054
Eu	0.014	0.046	Gd	0.014	0.048
Tb	0.012	0.039	Dy	0.012	0.041
Ho	0.013	0.042	Er	0.012	0.038
Tm	0.011	0.037	Yb	0.010	0.034
Lu	0.014	0.046	Hf	0.014	0.045
Ir	0.001	0.001	Pt	0.001	0.001
Au	0.001	0.001	Tl	0.007	0.023
Th	0.009	0.029	U	0.001	0.003

5.土壤理化指标测定

对于来自不同地区土壤的碱解氮、pH 值、有效磷、有机质、速效钾可根据相关标准 LY/T1229—1999、NY/T1377—2007、NY/T1121.7—2014、NY/T1121.6—2006、DB13/T844—2007分别进行测定。

4.1.3　数据处理

采用SPSS19.0软件对数据进行方差分析、主成分分析、聚类分析和判别分析（Fisher判别分析）。

4.2　结果与分析

4.2.1　不同产地大豆中矿物元素含量的差异分析

试验对2015年来自北安和嫩江两个产地的50份大豆样品中的46种矿物元素含量进行测定；对2016年度定点采集相同区域样品63份，进行52种矿物元素含量的测定。试验结果见表4-6和表4-7。

表 4-6 2015 年黑龙江省不同产地大豆的矿物元素含量

元素	嫩江	北安	元素	嫩江	北安
Na* $\bar{x} \pm s$ C·V/%	10.252 ± 4.653^a 45.386	71.350 ± 353.720^a 495.753	Ba* $\bar{x} \pm s$ C·V/%	6.001 ± 2.422^a 40.360	5.263 ± 2.059^b 39.122
Al* $\bar{x} \pm s$ C·V/%	12.411 ± 10.571^b 85.174	35.670 ± 34.917^a 97.889	La $\bar{x} \pm s$ C·V/%	3.616 ± 4.164^a 115.155	2.251 ± 2.136^b 94.891
K** $\bar{x} \pm s$ C·V/%	18.176 ± 4.279^a 23.542	18.852 ± 0.833^a 4.419	Ce $\bar{x} \pm s$ C·V/%	1.986 ± 7.114^a 13.041	0.991 ± 5.383^a 543.189
Ca** $\bar{x} \pm s$ C·V/%	1.937 ± 0.525^a 27.104	1.913 ± 0.294^a 15.369	Pr $\bar{x} \pm s$ C·V/%	0.622 ± 0.896^a 144.051	0.229 ± 0.522^b 227.948
Sc $\bar{x} \pm s$ C·V/%	43.575 ± 191.681^a 439.888	5.410 ± 29.522^a 545.693	Nd $\bar{x} \pm s$ C·V/%	2.888 ± 3.005^a 104.051	1.881 ± 2.008^b 106.752
V $\bar{x} \pm s$ C·V/%	7.249 ± 3.135^a 43.247	7.593 ± 4.558^a 60.029	Sm $\bar{x} \pm s$ C·V/%	0.213 ± 0.533^a 250.235	0.066 ± 0.249^b 377.273
Cr $\bar{x} \pm s$ C·V/%	137.856 ± 312.502^a 226.687	113.847 ± 373.298^a 327.894	Eu $\bar{x} \pm s$ C·V/%	0.167 ± 0.136^a 81.437	0.031 ± 0.059^b 190.323
Mn* $\bar{x} \pm s$ C·V/%	26.061 ± 6.435^a 24.692	27.517 ± 3.149^a 11.444	Gd $\bar{x} \pm s$ C·V/%	0.077 ± 0.299^a 388.312	0.045 ± 0.225^a 500
Fe* $\bar{x} \pm s$ C·V/%	67.869 ± 16.850^a 24.827	70.102 ± 6.202^a 8.847	Tb $\bar{x} \pm s$ C·V/%	65.950 ± 106.800^b 161.941	465.181 ± 126.943^a 27.289
Co $\bar{x} \pm s$ C·V/%	73.329 ± 24.822^b 33.850	110.077 ± 68.918^a 62.609	Dy $\bar{x} \pm s$ C·V/%	0.243 ± 0.179^a 73.663	0.294 ± 0.439^a 149.320
Ni* $\bar{x} \pm s$ C·V/%	13.807 ± 4.316^b 31.260	16.245 ± 3.610^a 22.222	Ho $\bar{x} \pm s$ C·V/%	0.004 ± 0.013^a 325	0.006 ± 0.030^a 500
Cu* $\bar{x} \pm s$ C·V/%	9.865 ± 2.442^b 24.754	11.292 ± 1.622^a 14.364	Er $\bar{x} \pm s$ C·V/%	0.056 ± 0.080^a 142.857	0.023 ± 0.106^b 460.870
Zn* $\bar{x} \pm s$ C·V/%	34.356 ± 8.498^b 24.735	38.456 ± 3.132^a 8.144	Tm $\bar{x} \pm s$ C·V/%	0.019 ± 0.035^a 184.211	0.003 ± 0.014^b 466.667
As $\bar{x} \pm s$ C·V/%	10.097 ± 3.015^b 29.860	12.760 ± 2.352^a 18.433	Yb $\bar{x} \pm s$ C·V/%	0.098 ± 0.097^a 98.980	0.046 ± 0.104^b 226.087
Se $\bar{x} \pm s$ C·V/%	43.269 ± 15.829^b 36.583	58.408 ± 12.487^a 21.379	Lu $\bar{x} \pm s$ C·V/%	338.941 ± 100.728^a 29.718	173.170 ± 94.761^b 54.721
Sr* $\bar{x} \pm s$ C·V/%	10.511 ± 3.526^a 33.546	8.739 ± 2.464^b 28.195	Hf $\bar{x} \pm s$ C·V/%	24.349 ± 20.296^a 83.355	4.447 ± 5.392^b 121.250

元素	嫩江	北安	元素	嫩江	北安
Mo $\bar{x} \pm s$ C·V/%	235.018 ± 122.988[b] 52.331	407.524 ± 519.110[a] 127.381	Ir $\bar{x} \pm s$ C·V/%	0.920 ± 0.705[a] 76.630	0.099 ± 0.192[b] 193.939
Ru $\bar{x} \pm s$ C·V/%	0.013 ± 0.026[a] 200	0.017 ± 0.038[a] 223.529	Pt $\bar{x} \pm s$ C·V/%	0.818 ± 0.431[a] 52.689	0.867 ± 0.598[a] 68.973
Pd $\bar{x} \pm s$ C·V/%	2.329 ± 2.550[a] 109.489	0.277 ± 0.766[b] 276.534	Au $\bar{x} \pm s$ C·V/%	9.514 ± 5.094[a] 53.542	4.915 ± 8.159[b] 166.002
Ag $\bar{x} \pm s$ C·V/%	1.617 ± 1.264[a] 78.169	1.044 ± 0.926[b] 88.697	Ti $\bar{x} \pm s$ C·V/%	0.921 ± 0.614[b] 66.667	1.657 ± 1.013[a] 61.135
Cd $\bar{x} \pm s$ C·V/%	24.684 ± 10.883[b] 12.251	31.946 ± 15.760[a] 49.333	Pb $\bar{x} \pm s$ C·V/%	12.343 ± 4.349[a] 35.235	13.545 ± 6.570[a] 48.505
Te $\bar{x} \pm s$ C·V/%	0.856 ± 1.883[a] 219.977	0.207 ± 0.468[b] 226.087	Th $\bar{x} \pm s$ C·V/%	58.972 ± 124.469[a] 211.065	34.971 ± 99.680[a] 285.036
Cs $\bar{x} \pm s$ C·V/%	31.168 ± 16.756[b] 53.760	39.369 ± 21.576[a] 54.805	U $\bar{x} \pm s$ C·V/%	0.631 ± 1.196[a] 189.540	0.347 ± 0.884[a] 254.755

注：表中 $\bar{x} \pm s$ 表示均值 ± 标准偏差，C·V 表示变异系数；a,b 表示显著性差异（$P < 0.05$）；带 * 的元素含量单位为 mg/kg；带 ** 的元素含量单位为 g/kg；其余元素含量单位均为 μg/kg。

表4－7　2016年黑龙江省不同产地大豆的矿物元素含量

元素	嫩江	北安	元素	嫩江	北安
Na* $\bar{x} \pm s$ C·V/%	16.427 ± 6.732[a] 40.981	10.387 ± 10.362[b] 99.759	Sb $\bar{x} \pm s$ C·V/%	12.477 ± 7.322[a] 58.684	13.276 ± 6.994[a] 52.682
Mg** $\bar{x} \pm s$ C·V/%	2.302 ± 0.177[b] 7.689	2.401 ± 0.163[a] 6.789	Te $\bar{x} \pm s$ C·V/%	3.007 ± 3.601[a] 119.754	2.351 ± 3.460[a] 147.171
Al* $\bar{x} \pm s$ C·V/%	43.673 ± 54.949[a] 125.819	46.299 ± 57.723[a] 124.674	Cs $\bar{x} \pm s$ C·V/%	46.703 ± 17.270[a] 36.978	39.195 ± 22.236[a] 56.732
P** $\bar{x} \pm s$ C·V/%	6.109 ± 0.556[b] 9.101	7.024 ± 0.467[a] 6.649	Ba* $\bar{x} \pm s$ C·V/%	7.168 ± 1.861[a] 25.963	5.386 ± 1.945[b] 36.112
K** $\bar{x} \pm s$ C·V/%	18.158 ± 1.138[b] 6.267	19.096 ± 0.921[a] 4.823	La $\bar{x} \pm s$ C·V/%	4.633 ± 6.028[a] 130.110	1.687 ± 1.336[b] 79.194
Ca** $\bar{x} \pm s$ C·V/%	1.985 ± 0.161[a] 8.111	1.935 ± 0.290[a] 14.987	Ce $\bar{x} \pm s$ C·V/%	4.420 ± 12.283[a] 277.896	1.202 ± 2.018[a] 167.887
Sc $\bar{x} \pm s$ C·V/%	23.257 ± 113.936[a] 489.900	1.341 ± 8.374[a] 624.459	Pr $\bar{x} \pm s$ C·V/%	0.772 ± 1.301[a] 168.523	0.198 ± 0.410[b] 207.071

元素	嫩江	北安	元素	嫩江	北安
V $\bar{x} \pm s$	14.709 ± 13.034ª	9.680 ± 4.344ᵇ	Nd $\bar{x} \pm s$	3.739 ± 5.277ª	1.070 ± 1.053ᵇ
C·V/%	88.612	44.876	C·V/%	141.134	98.411
Cr $\bar{x} \pm s$	233.976 ± 507.369ª	168.581 ± 303.651ª	Sm $\bar{x} \pm s$	0.471 ± 0.962ª	0.074 ± 0.223ᵇ
C·V/%	216.847	180.122	C·V/%	204.246	301.351
Mn* $\bar{x} \pm s$	26.664 ± 2.520ᵇ	29.214 ± 3.409ª	Eu $\bar{x} \pm s$	0.186 ± 0.272ª	0.121 ± 0.249ª
C·V/%	9.451	11.669	C·V/%	146.237	205.785
Fe* $\bar{x} \pm s$	72.448 ± 9.474ª	68.679 ± 5.867ª	Gd $\bar{x} \pm s$	0.340 ± 0.803ª	0.053 ± 0.165ᵇ
C·V/%	13.077	8.543	C·V/%	236.176	311.321
Co $\bar{x} \pm s$	85.710 ± 29.725ª	92.559 ± 47.914ª	Tb $\bar{x} \pm s$	3.205 ± 15.701ª	11.130 ± 57.029ª
C·V/%	34.681	51.766	C·V/%	489.891	512.390
Ni* $\bar{x} \pm s$	18.252 ± 2.790ª	14.001 ± 4.049ᵇ	Dy $\bar{x} \pm s$	0.308 ± 0.391ª	0.095 ± 0.244ᵇ
C·V/%	15.286	28.919	C·V/%	126.948	256.842
Cu* $\bar{x} \pm s$	10.374 ± 0.910ᵇ	11.068 ± 1.494ª	Ho $\bar{x} \pm s$	0.079 ± 0.150ª	0.058 ± 0.164ª
C·V/%	8.772	13.498	C·V/%	189.873	282.759
Zn* $\bar{x} \pm s$	36.261 ± 2.891ª	36.000 ± 2.925ª	Er $\bar{x} \pm s$	0.333 ± 0.288ª	0.209 ± 0.244ª
C·V/%	7.973	8.125	C·V/%	86.486	116.746
As $\bar{x} \pm s$	4.928 ± 3.928ª	3.700 ± 2.998ª	Tm $\bar{x} \pm s$	0.082 ± 0.153ª	0.082 ± 0.168ª
C·V/%	79.708	81.027	C·V/%	186.585	204.878
Se $\bar{x} \pm s$	27.683 ± 13.385ª	24.807 ± 12.252ª	Yb $\bar{x} \pm s$	0.209 ± 0.351ª	0.153 ± 0.244ª
C·V/%	48.351	49.389	C·V/%	167.943	159.477
Sr* $\bar{x} \pm s$	11.700 ± 1.826ª	8.725 ± 2.017ᵇ	Lu* $\bar{x} \pm s$	0.810 ± 0.295ª	0.781 ± 0.259ª
C·V/%	15.607	23.117	C·V/%	36.420	33.163
Y $\bar{x} \pm s$	0.928 ± 2.773ª	0.073 ± 0.236ª	Hf $\bar{x} \pm s$	0.991 ± 1.276ª	0.805 ± 1.102ª
C·V/%	298.815	323.288	C·V/%	128.759	136.894
Mo $\bar{x} \pm s$	133.305 ± 59.642ª	175.516 ± 227.245ª	Ir $\bar{x} \pm s$	0.818 ± 0.373ª	0.782 ± 0.351ª
C·V/%	44.741	129.473	C·V/%	45.599	44.885
Ru $\bar{x} \pm s$	0.014 ± 0.028ª	0.020 ±.042ª	Pt $\bar{x} \pm s$	2.449 ± 0.446ª	2.342 ± 0.632ª
C·V/%	200	210	C·V/%	18.212	26.985
Rh $\bar{x} \pm s$	13.498 ± 45.748ª	9.194 ± 32.749ª	Au $\bar{x} \pm s$	1.073 ± 1.434ª	0.789 ± 0.910ª
C·V/%	338.924	356.200	C·V/%	133.644	115.336
Pd $\bar{x} \pm s$	0.096 ± 0.262ª	0.079 ± 0.210ª	Ti $\bar{x} \pm s$	0.423 ± 0.311ᵇ	1.405 ± 1.139ª
C·V/%	272.917	265.823	C·V/%	73.522	81.068
Ag $\bar{x} \pm s$	0.051 ± 0.252ª	0.078 ± 0.208ª	Pb $\bar{x} \pm s$	42.884 ± 32.955ᵇ	78.532 ± 71.059ª
C·V/%	494.118	266.667	C·V/%	76.847	90.484

续表

元素	嫩江	北安	元素	嫩江	北安
Cd $\bar{x} \pm s$ C·V/%	31.156 ± 11.126[a] 35.711	22.654 ± 13.096[b] 57.809	Th $\bar{x} \pm s$ C·V/%	25.790 ± 68.274[a] 264.731	45.197 ± 85.172[a] 188.446
Sn $\bar{x} \pm s$ C·V/%	0.319 ± 0.934[a] 292.790	0.268 ± 1.244[a] 464.179	U $\bar{x} \pm s$ C·V/%	1.278 ± 1.884[a] 147.418	0.841 ± 0.991[a] 117.836

注:表中 $\bar{x} \pm s$ 表示均值 ± 标准偏差,C·V 表示变异系数。a,b 表示显著性差异($P < 0.05$)。带 * 的元素含量单位为 mg/kg;带 ** 的元素含量单位为 g/kg;其余元素含量单位均为 μg/kg。

由表4-6可知,对2015年北安和嫩江两个产地不同大豆样品的46种矿物元素含量进行多重比较分析,结果表明,Na、Al、K、Ca、Sc、V、Cr、Mn、Fe、Co、Ni、Cu、Zn、As、Se、Sr、Mo、Ru、Pd、Ag、Cd、Te、Cs、Ba、La、Ce、Pr、Nd、Sm、Eu、Gd、Tb、Dy、Ho、Er、Tm、Yb、Lu、Hf、Ir、Pt、Au、Tl、Pb、Th 和 U 46 种元素含量在产地间存在显著性差异。一些矿物元素的变异系数较大(如 Ce 为 543.189%),说明矿物元素含量在同一地区不同农场内的矿物元素含量波动较大,差异较大。

由表4-7可知,对2016年北安和嫩江两个产地不同大豆样品的52种矿物元素含量进行多重比较分析,结果表明,Na、Mg、Al、P、K、Ca、Sc、V、Cr、Mn、Fe、Co、Ni、Cu、Zn、As、Se、Sr、Y、Mo、Ru、Rh、Pd、Ag、Cd、Sn、Sb、Te、Cs、Ba、La、Ce、Pr、Nd、Sm、Eu、Gd、Tb、Dy、Ho、Er、Tm、Yb、Lu、Hf、Ir、Pt、Au、Ti、Pb、Th 和 U 52 种元素含量在产地间存在显著性差异。一些矿物元素的变异系数较大(如 Tb 为 512.390%),说明矿物元素含量在同一地区不同农场内的矿物元素含量波动较大,差异较大。

综上所述,该试验研究结果与张仕祥、李灵对不同品种烤烟、不同种类岩茶中的矿物元素含量进行测定,发现烤烟和岩茶中有些矿物元素的含量在不同年际间差异显著的试验研究结果相似。

利用矿物元素产地溯源技术,结合多元方差分析可以得出每年不同产地间的显著元素,但不同产地间大豆样品的元素含量有其各自的特征。综合考虑两年两个产地大豆中矿物元素发现,Ni、Cu、Sr、Cd、Ba、La、Pr、Nd、Sm、Ti 这 10 种元素两年在两个产地均有显著差异,但是单独分析每年的两产地的显著元素略有不同,可知这些差异与多种因素有关,如产地因素、不同产地的土壤条件、大豆生长年际、施肥措施、气候条件等。例如北安地区以水稻土和黑土为主,嫩江地区以暗棕色森林土、火山灰土、草甸土和黑土为主,并且北安地区的土壤有机质含量较嫩江地区高。因此,这两个地区的土壤因其所处的产地环境不同,可能导致土壤中的矿物质、有机质、微生物的含量和种类各不相同,培育出的大豆中的矿物元素含量也存在着差异。

4.2.2　不同产地大豆中矿物元素含量的主成分分析

为进一步分析两个产地大豆样品矿物元素的分布情况,分别对2015年和2016年两个大豆主产地矿物元素含量进行主成分分析。对2015年大豆中矿物元素含量的主成分分析,结果见表4-8、表4-9、图4-1、图4-2;对2016年大豆中矿物元素含量的主成分分析,结果见表4-10、表4-11、图4-3、图4-4。

表 4 - 8　前 12 个主成分中各变量的特征向量及累计方差贡献率

成分矩阵[a]

元素	主成分											
	1	2	3	4	5	6	7	8	9	10	11	12
Na	- 0.074	0.092	- 0.153	0.014	0.103	- 0.165	0.058	0.178	0.168	- 0.463	0.485	- 0.216
Al	- 0.197	0.190	- 0.373	- 0.146	0.462	0.134	0.022	0.004	0.461	0.060	- 0.067	0.093
K	0.533	0.578	- 0.065	- 0.077	0.107	- 0.276	0.112	0.059	0.189	0.159	0.067	- 0.264
Ca	0.643	0.575	0.150	- 0.202	0.001	0.070	0.054	- 0.031	0.047	- 0.020	- 0.091	0.088
Sc	0.064	0.053	0.213	- 0.439	- 0.160	0.531	- 0.095	0.357	0.081	0.185	0.309	- 0.147
V	0.534	- 0.147	- 0.358	- 0.053	0.515	- 0.100	- 0.314	0.033	- 0.108	0.037	- 0.085	- 0.060
Cr	0.086	0.118	- 0.022	- 0.148	0.372	0.042	0.118	- 0.149	- 0.667	- 0.061	- 0.196	- 0.266
Mn	0.595	0.675	0.109	- 0.044	0.085	- 0.048	0.084	- 0.020	0.065	0.023	0.023	0.111
Fe	0.635	0.576	- 0.036	- 0.041	0.165	- 0.149	0.021	0.078	0.062	0.069	- 0.028	- 0.279
Co	- 0.034	0.293	- 0.183	0.033	0.297	- 0.225	0.232	0.351	- 0.121	- 0.441	0.231	0.064
Ni	0.457	0.652	- 0.137	- 0.033	- 0.071	0.184	- 0.178	- 0.248	0.040	- 0.164	0.046	0.144
Cu	0.449	0.682	- 0.177	- 0.010	- 0.006	- 0.100	0.093	- 0.265	0.269	- 0.015	- 0.147	- 0.166
Zn	0.547	0.699	- 0.142	- 0.063	- 0.024	- 0.035	0.039	0.100	0.149	0.159	0.000	- 0.157
As	0.482	0.471	- 0.423	0.082	0.218	- 0.124	0.076	0.120	- 0.252	0.018	0.152	0.240
Se	0.262	0.504	- 0.479	- 0.013	- 0.279	0.088	- 0.058	- 0.103	- 0.133	0.299	0.205	0.142
Sr	0.549	0.403	0.376	- 0.427	0.092	0.213	0.016	- 0.051	- 0.214	- 0.124	- 0.090	0.070
Mo	- 0.170	- 0.060	- 0.185	0.026	0.172	- 0.245	0.287	0.405	- 0.319	0.545	- 0.032	0.159
Ru	0.105	0.079	0.311	0.279	0.236	0.213	0.098	- 0.101	0.335	0.043	- 0.420	0.003
Pd	0.277	- 0.114	0.684	- 0.223	0.001	- 0.181	- 0.002	0.021	0.121	- 0.059	- 0.014	0.360
Ag	0.390	0.067	0.454	0.594	0.094	0.227	0.039	- 0.021	- 0.140	0.020	- 0.027	- 0.235
Cd	0.262	0.356	- 0.117	0.502	- 0.250	0.102	0.222	0.137	- 0.021	0.109	0.008	0.033
Te	0.202	- 0.052	0.266	- 0.510	- 0.062	0.431	- 0.087	0.347	0.198	0.195	0.166	- 0.054
Cs	0.162	0.395	- 0.146	0.126	- 0.632	- 0.051	- 0.349	0.234	- 0.070	- 0.147	- 0.242	- 0.073
Ba	0.444	0.447	0.351	- 0.432	0.045	0.293	0.008	- 0.137	- 0.259	- 0.123	- 0.014	0.117
La	0.699	- 0.480	- 0.349	- 0.044	- 0.120	0.038	0.331	- 0.108	0.034	- 0.042	- 0.003	- 0.004
Ce	0.636	- 0.559	- 0.456	0.019	- 0.099	0.054	0.169	- 0.010	0.068	- 0.016	0.020	0.022
Pr	0.693	- 0.541	- 0.283	- 0.014	- 0.121	0.033	0.315	- 0.089	0.037	- 0.044	- 0.020	- 0.054
Nd	0.711	- 0.469	- 0.358	- 0.052	- 0.061	0.065	0.305	- 0.078	- 0.033	- 0.011	0.011	- 0.024
Sm	0.649	- 0.512	- 0.338	0.036	- 0.155	0.134	0.259	0.014	0.048	- 0.061	- 0.068	0.031
Eu	0.623	- 0.206	0.511	- 0.163	- 0.066	0.214	0.033	0.195	- 0.077	- 0.163	- 0.048	0.149
Gd	0.619	- 0.538	- 0.464	0.001	- 0.126	0.035	0.209	- 0.035	0.065	- 0.032	0.020	0.032
Tb	- 0.236	0.533	- 0.523	0.364	0.161	0.203	0.018	0.045	0.114	0.003	0.010	0.223
Dy	0.509	- 0.237	- 0.257	0.120	0.252	- 0.036	- 0.374	0.023	0.058	- 0.052	0.069	0.349

成分矩阵[a]												
元素	主成分											
	1	2	3	4	5	6	7	8	9	10	11	12
Ho	0.550	− 0.437	− 0.267	0.173	0.223	− 0.016	− 0.472	0.187	0.032	0.036	− 0.027	− 0.033
Er	0.546	− 0.456	− 0.123	0.091	0.179	− 0.129	− 0.476	0.136	0.022	0.098	− 0.039	− 0.125
Tm	0.134	− 0.045	0.488	0.500	0.166	− 0.132	0.032	− 0.238	0.168	0.119	0.269	− 0.055
Yb	0.592	− 0.339	0.060	0.147	0.050	0.190	− 0.414	0.198	− 0.036	− 0.032	− 0.044	− 0.033
Lu	0.460	− 0.177	0.480	− 0.223	− 0.083	− 0.343	0.057	0.090	− 0.079	0.088	0.160	− 0.175
Hf	0.395	− 0.125	0.738	0.162	0.017	− 0.184	0.055	− 0.112	0.058	0.004	0.114	0.164
Ir	0.377	− 0.276	0.663	− 0.069	0.059	− 0.277	0.006	0.163	0.126	− 0.099	− 0.211	− 0.058
Pt	0.010	0.229	0.162	0.053	0.031	− 0.230	0.319	0.632	0.115	− 0.061	− 0.270	0.150
Au	0.326	− 0.059	0.483	0.060	− 0.270	− 0.455	− 0.035	− 0.141	0.008	0.180	0.087	0.098
Ti	0.056	0.360	− 0.260	0.484	− 0.456	− 0.095	− 0.174	0.285	− 0.069	− 0.185	− 0.163	− 0.041
Pb	0.432	0.201	− 0.169	− 0.095	− 0.221	− 0.380	− 0.348	− 0.233	− 0.074	0.046	0.114	0.092
Th	0.214	0.080	0.392	0.770	0.070	0.317	0.068	0.052	− 0.081	0.002	0.112	− 0.036
U	0.304	0.040	0.386	0.751	0.086	0.246	0.044	0.017	− 0.110	0.046	0.175	0.070
方差贡献率/%	19.584	15.239	12.468	7.951	4.635	4.506	4.341	3.686	3.223	2.579	2.491	2.265
累计贡献率/%	19.584	34.823	47.290	55.241	59.876	64.383	68.724	72.409	75.632	78.211	80.702	82.967

注:提取方法为主成分。

a. 已提取了 12 个成分。

对 2015 年在地域间存在显著差异的 46 种矿物元素进行主成分分析,从表 4 - 8 中可以看到 82.967% 的累计方差贡献率来自前 12 个主成分。

表 4 - 9　主成分载荷表

成分矩阵												
元素	主成分											
	1	2	3	4	5	6	7	8	9	10	11	12
Na	− 0.072	0.091	− 0.155	0.015	0.102	− 0.164	0.058	0.178	0.168	− 0.464	*0.485*	− 0.216
Al	− 0.198	0.189	− 0.373	− 0.146	*0.462*	0.133	0.022	0.003	0.461	0.060	− 0.068	0.093
K	0.532	*0.582*	− 0.063	− 0.077	0.107	− 0.276	0.112	0.059	0.188	0.159	0.066	− 0.264
Ca	*0.640*	0.575	0.149	− 0.201	0.002	0.070	0.054	− 0.032	0.047	− 0.020	− 0.092	0.087
Sc	0.063	0.049	0.212	− 0.439	− 0.160	*0.531*	− 0.096	0.358	0.082	0.185	0.309	− 0.147

成分矩阵

元素	主成分											
	1	2	3	4	5	6	7	8	9	10	11	12
V	0.532	-0.147	-0.355	-0.055	0.516	-0.100	-0.314	0.032	-0.108	0.037	-0.085	-0.059
Cr	0.090	0.119	-0.023	-0.150	0.373	0.041	0.118	-0.149	-0.667	-0.060	-0.196	-0.267
Mn	0.595	0.673	0.109	-0.044	0.085	-0.048	0.084	-0.020	0.065	0.023	0.023	0.110
Fe	0.631	0.575	-0.034	-0.040	0.164	-0.149	0.020	0.078	0.062	0.069	-0.028	-0.279
Co	-0.036	0.295	-0.183	0.033	0.296	-0.226	0.232	0.351	-0.122	-0.441	0.230	0.064
Ni	0.459	0.652	-0.138	-0.033	-0.070	0.185	-0.178	-0.248	0.040	-0.164	0.046	0.145
Cu	0.450	0.680	-0.178	-0.011	-0.006	-0.100	0.094	-0.265	0.268	-0.015	-0.147	-0.167
Zn	0.550	0.701	-0.143	-0.062	-0.023	-0.035	0.038	0.100	0.148	0.159	0.000	-0.156
As	0.487	0.470	-0.424	0.084	0.217	-0.124	0.076	0.120	-0.252	0.018	0.152	0.240
Se	0.261	0.505	-0.482	-0.011	-0.279	0.089	-0.058	-0.103	-0.132	0.299	0.205	0.142
Sr	0.550	0.400	0.378	-0.428	0.092	0.214	0.016	-0.051	-0.215	-0.125	-0.091	0.070
Mo	-0.171	-0.063	-0.183	0.026	0.173	-0.245	0.288	0.405	-0.319	0.544	-0.032	0.158
Ru	0.108	0.077	0.310	0.278	0.236	0.214	0.098	-0.100	0.335	0.044	-0.421	0.003
Pd	0.279	-0.112	0.682	-0.223	0.002	-0.180	-0.002	0.020	0.120	-0.058	-0.015	0.360
Ag	0.387	0.070	0.453	0.593	0.094	0.226	0.038	-0.020	-0.141	0.020	-0.026	-0.234
Cd	0.261	0.358	-0.115	0.501	-0.249	0.102	0.222	0.137	-0.021	0.109	0.008	0.033
Te	0.198	-0.049	0.264	-0.512	-0.062	0.431	-0.086	0.348	0.199	0.196	0.166	-0.054
Cs	0.162	0.393	-0.149	0.128	-0.633	-0.052	-0.349	0.234	-0.070	-0.147	-0.243	-0.073
Ba	0.441	0.449	0.350	-0.432	0.045	0.292	0.008	-0.137	-0.260	-0.123	-0.014	0.117
La	0.703	-0.477	-0.350	-0.044	-0.119	0.037	0.332	-0.109	0.034	-0.043	-0.003	-0.004
Ce	0.640	-0.561	-0.459	0.018	-0.098	0.054	0.170	-0.010	0.068	-0.017	0.019	0.022
Pr	0.694	-0.540	-0.281	-0.015	-0.121	0.033	0.316	-0.090	0.037	-0.044	-0.019	-0.054
Nd	0.712	-0.470	-0.355	-0.051	-0.060	0.064	0.306	-0.078	-0.033	-0.011	0.010	-0.024
Sm	0.649	-0.512	-0.338	0.037	-0.156	0.135	0.260	0.014	0.047	-0.060	-0.069	0.031
Eu	0.622	-0.203	0.510	-0.165	-0.066	0.214	0.032	0.195	-0.077	-0.162	-0.048	0.149
Gd	0.622	-0.540	-0.464	0.000	-0.126	0.035	0.210	-0.034	0.065	-0.032	0.019	0.032
Tb	-0.234	0.533	-0.522	0.366	0.160	0.203	0.018	0.046	0.114	0.004	0.010	0.223
Dy	0.505	-0.238	-0.258	0.121	0.251	-0.037	-0.373	0.024	0.058	-0.052	0.069	0.348
Ho	0.550	-0.435	-0.264	0.172	0.224	-0.017	-0.471	0.188	0.033	0.036	-0.028	-0.032
Er	0.550	-0.456	-0.120	0.091	0.179	-0.129	-0.477	0.136	0.022	0.097	-0.039	-0.125
Tm	0.135	-0.042	0.487	0.501	0.166	-0.133	0.032	-0.237	0.169	0.120	0.268	-0.055
Yb	0.595	-0.337	0.063	0.146	0.049	0.191	-0.413	0.198	-0.036	-0.032	-0.044	-0.033

成分矩阵											
元素	主成分										
	1	2	3	4	5	6	7	8	9	10	11	12
Lu	0.459	−0.175	*0.482*	−0.223	−0.083	−0.344	0.058	0.090	−0.079	0.088	0.159	−0.175
Hf	0.396	−0.126	*0.740*	0.161	0.017	−0.185	0.056	−0.112	0.058	0.005	0.113	0.164
Ir	0.378	−0.274	*0.665*	−0.069	0.060	−0.278	0.006	0.163	0.126	−0.100	−0.211	−0.058
Pt	0.009	0.231	0.161	0.051	0.032	−0.230	0.320	*0.633*	0.116	−0.060	−0.270	0.150
Au	0.324	−0.056	*0.482*	0.059	−0.271	−0.454	−0.036	−0.141	0.007	0.180	0.087	0.098
Ti	0.054	0.358	−0.258	*0.483*	−0.456	−0.095	−0.174	0.285	−0.070	−0.185	−0.163	−0.041
Pb	*0.432*	0.203	−0.166	−0.095	−0.219	−0.379	−0.347	−0.232	−0.074	0.045	0.115	0.093
Th	0.216	0.077	0.390	*0.768*	0.070	0.317	0.068	0.051	−0.082	0.002	0.111	−0.036
U	0.306	0.042	0.384	*0.750*	0.085	0.245	0.044	0.017	−0.110	0.046	0.174	0.070

注:斜体数据表示各元素在提取的12个主成分中载荷绝对值的最大值。

由表4-9主成分载荷表可知,2015年矿物元素Ca、V、Fe、As、Sr、La、Ce、Pr、Nd、Sm、Eu、Gd、Dy、Ho、Er、Yb、Pb在第1主成分上载荷较大,即与第1主成分的相关程度较高;K、Mn、Ni、Cu、Zn、Se、Ba、Tb在第2主成分上载荷较大,即与第2主成分的相关程度较高;Pd、Lu、Hf、Ir、Au在第3主成分上载荷较大,即与第3主成分的相关程度较高;Ag、Cd、Te、Tm、Ti、Th、U在第4主成分上载荷较大,即与第4主成分的相关程度较高;Al、Cs在第5主成分上载荷较大,其中Cs在第5主成分上的载荷绝对值较大,即负相关程度较高;Sc在第6主成分上载荷较大,即与第6主成分的相关程度较高;Pt在第8主成分上载荷较大,即与第8主成分的相关程度较高;Cr在第9主成分上载荷绝对值较大,即负相关程度较高;Co、Mo在第10主成分上载荷较大,其中Co在第10主成分上的载荷绝对值较大,即负相关程度较高;Na、Ru在第11主成分上载荷较大,其中Ru在第11主成分上的载荷绝对值较大,即负相关程度较高。因此可将主成分定义如下。

第1主成分:Ca、V、Fe、As、Sr、La、Ce、Pr、Nd、Sm、Eu、Gd、Dy、Ho、Er、Yb、Pb。

第2主成分:K、Mn、Ni、Cu、Zn、Se、Ba、Tb。

第3主成分:Pd、Lu、Hf、Ir、Au。

第4主成分:Ag、Cd、Te、Tm、Ti、Th、U。

第5主成分:Al、Cs。

第6主成分:Sc。

第8主成分:Pt。

第9主成分:Cr。第10主成分:Co、Mo。

第11主成分:Na、Ru。

故主成分分析可以直观地反映样品中多种元素的信息。

由图4-1主成分特征向量雷达图可以更清楚地看出2015年大豆样品中矿物元素含量前6个主成分中矿物元素的分布情况。

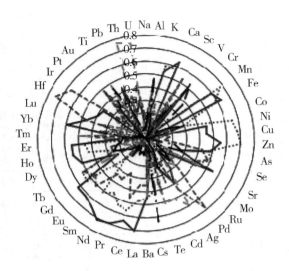

主成分1（方差贡献率19.584%）

主成分2（方差贡献率15.239%）

主成分3（方差贡献率12.468%）

主成分4（方差贡献率7.951%）

主成分5（方差贡献率4.635%）

主成分6（方差贡献率4.506%）

图 4-1　2015 年大豆样品中矿物元素含量的前 6 个主成分特征向量雷达图

利用第 1,2,3 主成分的标准化得分画出 2015 年不同产地大豆主成分得分图,如图 4-2 所示。由图 4-2 可知,虽然不同产地的样品间相互有交叉,但大多数样品可被正确区分。第 1,2 主成分主要综合了大豆样品中 Ca、V、Fe、As、Sr、La、Ce、Pr、Nd、Sm、Eu、Gd、Dy、Ho、Er、Yb、Pb、K、Mn、Ni、Cu、Zn、Se、Ba、Tb 等的含量信息,嫩江样品的 Ca、Sr、La、Ce、Pr、Nd、Sm、Eu、Gd、Er、Yb 和 Ba 含量在两个产地中相对最高,其 1,2 主成分得分较高;第 3 主成分主要综合了大豆样品中 Pd、Lu、Hf、Ir、Au 的含量信息,北安样品的 Pd、Lu、Hf、Ir、Au 含量在两个产地中相对最低,即第 3 主成分得分较低。可见,主成分分析可以把样品中多种元素的信息通过综合的方式更直观地表现出来。

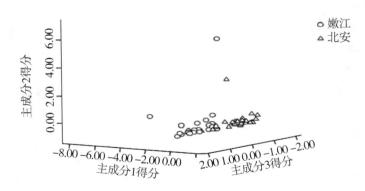

图 4-2　2015 年不同产地大豆主成分得分图

对 2016 年在地域间存在显著差异的 52 种矿物元素进行主成分分析,见表 4-10、表 4-11。

表 4-10　前 14 个主成分中各变量的特征向量及累计方差贡献率

成分矩阵[a]

矿物元素	主成分													
	1	2	3	4	5	6	7	8	9	10	11	12	13	14
Na	-0.028	0.294	-0.138	0.382	0.269	-0.318	0.013	0.319	-0.225	-0.123	0.310	0.080	-0.133	-0.149
Mg	0.216	-0.537	0.357	0.107	0.267	-0.295	-0.158	-0.066	0.349	0.044	-0.053	-0.025	0.011	0.211
Al	0.042	-0.020	0.077	-0.108	-0.024	0.168	0.233	0.330	-0.348	0.524	0.354	-0.018	0.058	0.238
P	-0.128	0.134	0.413	-0.652	0.435	0.012	-0.117	0.023	0.075	-0.155	-0.013	0.117	0.022	-0.022
K	0.048	-0.322	0.325	-0.524	0.397	-0.248	0.096	-0.174	-0.037	-0.076	-0.095	-0.099	0.017	-0.075
Ca	0.201	0.118	0.441	0.564	0.235	-0.162	0.030	0.089	0.139	0.165	-0.077	-0.111	-0.142	0.167
Sc	0.275	0.393	0.136	0.219	-0.479	-0.059	-0.201	0.092	-0.117	-0.306	0.014	0.247	0.205	0.097
V	0.779	-0.105	-0.367	-0.219	0.082	0.144	-0.024	0.164	-0.173	0.169	0.119	0.071	-0.025	0.046
Cr	0.134	0.055	-0.056	-0.061	-0.145	0.170	-0.510	-0.018	-0.175	-0.033	-0.100	0.568	-0.286	-0.002
Mn	0.190	-0.307	0.533	-0.056	0.516	-0.082	0.102	-0.006	-0.037	-0.144	0.054	0.058	-0.053	0.197
Fe	0.544	-0.330	-0.130	0.075	0.187	-0.034	-0.258	-0.177	0.189	0.145	-0.284	0.148	-0.092	-0.207
Co	0.013	0.153	-0.029	0.135	0.339	0.516	0.240	-0.052	0.312	0.042	-0.135	0.174	0.414	-0.033
Ni	0.505	0.011	0.104	0.500	0.261	0.173	0.005	-0.137	-0.373	-0.092	0.104	-0.016	0.192	-0.129
Cu	-0.084	-0.205	0.597	-0.083	0.227	0.001	-0.290	0.028	-0.293	-0.077	0.244	0.186	0.217	-0.130
Zn	0.412	-0.128	0.318	0.096	0.321	0.398	-0.267	0.137	-0.119	-0.190	-0.168	0.112	0.127	0.106
As	0.578	-0.723	-0.012	0.073	-0.024	0.091	-0.058	-0.059	-0.045	-0.124	0.083	0.075	0.014	0.044
Se	-0.037	0.775	-0.144	-0.157	0.271	0.015	0.121	-0.055	-0.005	0.126	-0.133	0.039	0.046	-0.055
Sr	0.496	0.193	-0.017	0.674	0.135	-0.107	0.131	-0.201	-0.136	0.019	-0.143	-0.048	-0.128	0.035

续表

成分矩阵ᵃ

矿物元素	主成分													
	1	2	3	4	5	6	7	8	9	10	11	12	13	14
Y	0.832	-0.274	-0.315	-0.150	0.164	0.041	0.057	0.083	0.050	-0.033	0.031	-0.066	0.012	-0.018
Pd	-0.033	-0.373	0.161	0.123	0.025	-0.301	0.222	0.349	-0.253	-0.048	-0.476	0.017	-0.009	0.065
Ag	0.235	-0.212	0.631	0.072	-0.029	0.312	0.193	-0.009	-0.110	0.268	0.180	-0.045	-0.023	-0.301
Cd	0.112	0.165	-0.119	0.483	0.078	0.195	-0.254	-0.229	0.143	0.240	0.031	-0.064	0.255	0.436
Te	0.291	-0.428	-0.014	0.190	-0.185	-0.230	0.052	-0.228	0.218	-0.001	0.223	0.211	0.049	0.123
Ba	0.569	-0.060	0.052	0.456	0.314	-0.187	0.122	-0.343	-0.209	-0.123	-0.018	0.030	-0.037	-0.004
La	0.898	-0.129	-0.331	-0.121	0.134	-0.020	0.012	0.042	-0.035	-0.011	0.066	0.008	0.022	-0.023
Ce	0.812	-0.338	-0.329	-0.177	0.148	0.043	0.024	0.053	0.058	-0.079	0.046	-0.040	0.027	-0.015
Pr	0.940	0.115	-0.215	-0.162	0.029	-0.044	0.005	0.056	0.029	0.013	0.019	-0.013	-0.001	-0.007
Nd	0.899	-0.068	-0.365	-0.121	0.086	0.005	-0.032	0.054	-0.011	0.010	0.015	-0.011	0.030	-0.020
Sm	0.931	0.077	-0.241	-0.133	-0.045	-0.057	0.022	0.080	0.060	-0.035	-0.001	-0.040	0.024	0.020
Eu	0.653	0.565	0.348	-0.043	-0.165	-0.158	0.019	-0.069	0.101	-0.062	-0.050	-0.016	0.004	0.019
Gd	0.902	0.054	-0.291	-0.190	0.032	-0.046	0.019	0.101	0.056	-0.039	-0.006	-0.031	0.019	0.043
Tb	-0.019	-0.216	0.067	0.294	-0.039	0.181	0.085	0.211	0.535	0.139	0.061	0.352	0.109	-0.302
Dy	0.703	0.561	-0.046	-0.056	-0.174	-0.121	-0.012	-0.015	-0.002	0.040	-0.078	0.012	0.034	-0.022
Ho	0.589	0.491	0.477	-0.107	-0.281	-0.076	-0.063	-0.037	0.121	-0.007	-0.035	-0.022	-0.055	0.013
Er	0.788	0.252	0.250	-0.016	-0.225	0.044	-0.075	-0.058	0.091	0.064	0.026	-0.140	0.032	-0.100
Tm	0.525	0.359	0.640	-0.094	-0.299	-0.011	-0.021	-0.027	0.123	0.089	-0.027	-0.070	-0.054	-0.029

续表

成分矩阵[a]

矿物元素	主成分													
	1	2	3	4	5	6	7	8	9	10	11	12	13	14
Yb	0.843	0.090	0.287	-0.184	-0.118	0.055	0.006	-0.011	0.011	0.083	0.054	-0.083	-0.055	0.106
Lu	-0.098	0.791	-0.286	-0.151	0.270	-0.050	0.072	-0.165	-0.033	0.183	-0.107	0.035	0.013	-0.016
Hf	0.196	-0.199	-0.089	0.097	-0.073	-0.376	0.536	-0.238	0.061	0.014	0.104	0.238	0.053	-0.314
Ir	0.065	-0.713	0.004	0.170	-0.032	0.103	-0.265	0.282	0.034	0.119	0.136	-0.153	-0.148	-0.087
Ti	-0.041	-0.008	0.230	-0.049	0.089	0.552	0.349	0.101	0.328	-0.467	0.046	-0.035	-0.266	0.130
Pb	-0.065	0.145	0.163	-0.244	0.414	-0.322	0.133	0.137	0.132	0.109	0.202	0.245	-0.009	0.215
Th	0.368	0.093	0.818	-0.041	-0.153	0.185	0.068	-0.084	0.004	0.170	0.083	-0.122	-0.033	-0.107
U	0.074	0.590	0.007	0.038	0.250	0.325	-0.045	-0.012	-0.117	0.319	-0.098	0.269	-0.167	-0.068
方差贡献率/%	21.989	12.961	8.904	6.144	5.256	4.615	3.832	3.645	3.277	3.120	2.421	2.343	2.119	2.001
累计贡献率/%	21.989	34.950	43.853	49.997	55.253	59.868	63.700	67.344	70.622	73.742	76.163	78.506	80.625	82.626

注:提取方法为主成分。

a. 已提取了 14 个成分。

表 4-11　主成分载荷表

主成分

矿物元素	1	2	3	4	5	6	7	8	9	10	11	12	13	14
Na	0.057	-0.573	0.139	0.048	0.383	0.662	0.038	-0.176	0.179	-0.029	0.151	-0.080	0.073	-0.228
Mg	-0.023	0.169	0.440	0.470	-0.098	0.259	-0.120	0.030	-0.089	0.084	-0.160	0.000	-0.065	0.253
Al	0.332	-0.108	-0.042	0.006	-0.096	0.142	-0.080	0.066	-0.010	0.159	0.681	-0.083	-0.047	0.123
P	0.252	-0.034	-0.338	0.828	-0.273	-0.048	0.058	-0.057	0.070	-0.054	-0.076	0.045	0.080	-0.049
K	0.274	-0.034	-0.236	0.658	0.008	-0.187	-0.106	0.042	-0.099	-0.060	-0.120	-0.069	-0.130	-0.110
Ca	-0.617	0.452	0.120	0.032	0.230	0.485	0.042	0.148	-0.240	-0.057	-0.009	-0.056	-0.074	0.198
Sc	-0.354	0.317	0.232	-0.144	0.071	-0.132	0.026	0.121	0.573	0.156	-0.054	-0.004	0.204	0.063
V	1.395	-0.398	-0.097	0.016	-0.093	0.036	-0.026	-0.009	-0.029	0.010	0.238	-0.022	0.660	0.001
Cr	-0.114	-0.148	-0.056	0.032	-0.046	0.086	-0.026	0.055	-0.131	0.089	-0.077	0.010	0.093	-0.046
Mn	-0.023	-0.202	0.079	0.792	0.200	0.146	0.227	0.068	-0.024	0.107	0.025	-0.093	0.011	0.099
Fe	0.469	0.000	-0.120	-0.022	0.063	0.005	-0.303	0.057	-0.312	-0.154	-0.277	0.205	0.155	-0.055
Co	0.229	-0.377	-0.542	0.182	0.066	-0.379	0.080	0.116	0.223	0.052	-0.031	0.531	-0.097	0.144
Ni	-0.046	-0.324	-0.046	0.029	0.798	-0.288	-0.044	-0.123	0.240	-0.135	0.127	0.061	-0.017	-0.064
Cu	-0.434	-0.081	0.232	0.591	0.279	-0.161	-0.241	-0.208	0.399	-0.071	0.183	0.088	0.152	-0.112
Zn	0.206	-0.290	-0.019	0.383	0.156	-0.238	0.193	0.176	0.206	-0.250	-0.023	0.080	0.175	0.163
As	0.503	-0.229	0.542	0.112	0.131	-0.120	0.084	-0.061	0.061	0.081	0.011	-0.002	0.075	0.019
Se	0.229	-0.081	-0.912	0.086	0.030	-0.043	-0.086	0.095	-0.070	-0.029	-0.021	0.090	-0.028	-0.017
Sr	-0.320	0.047	-0.176	-0.249	0.659	0.106	0.040	0.136	-0.216	0.003	-0.089	-0.089	-0.013	0.051

成分矩阵

矿物元素	主成分													
	1	2	3	4	5	6	7	8	9	10	11	12	13	14
Y	1.395	-0.310	0.069	0.077	-0.066	0.022	0.070	-0.036	-0.007	-0.049	0.009	0.016	-0.072	-0.020
Mo	-0.069	-0.108	-0.023	0.137	-0.087	-0.084	0.163	-0.055	0.003	0.749	0.145	-0.010	0.098	0.132
Ru	0.354	-0.249	-0.005	0.035	-0.074	-0.175	-0.195	0.004	0.746	-0.238	0.006	0.194	-0.296	0.017
Rh	-0.057	0.263	0.319	0.179	-0.131	0.463	0.066	-0.032	0.482	0.084	-0.050	-0.039	0.096	-0.018
Pd	-0.160	-0.317	-0.162	0.006	0.118	0.053	0.008	0.860	0.000	-0.167	-0.110	-0.105	-0.002	-0.012
Ag	-0.526	0.782	0.162	-0.086	0.227	-0.094	-0.058	-0.172	-0.191	-0.128	0.269	0.202	-0.057	-0.242
Cd	-0.149	-0.088	0.009	-0.045	0.126	-0.173	-0.147	-0.097	0.102	0.138	0.098	0.015	-0.058	0.558
Sn	0.309	-0.047	-0.088	-0.201	-0.355	0.086	-0.014	0.802	-0.003	-0.099	0.101	0.123	0.046	0.106
Sb	-0.286	0.128	-0.352	0.118	0.186	-0.314	-0.052	0.724	0.135	0.248	0.037	0.030	0.035	-0.051
Te	-0.011	0.094	0.532	0.089	0.063	0.122	-0.094	-0.171	0.083	0.485	-0.020	0.067	0.043	0.085
Cs	0.160	-0.236	-0.037	-0.211	0.205	0.072	0.867	0.049	0.020	0.015	0.008	-0.082	0.018	-0.098
Ba	-0.080	-0.243	-0.120	0.166	0.773	-0.053	-0.006	-0.013	-0.065	0.107	-0.093	-0.083	0.000	-0.023
La	1.349	-0.303	-0.019	0.070	0.025	0.022	-0.018	-0.055	0.039	0.008	0.038	0.002	-0.008	-0.034
Ce	1.395	-0.364	0.125	0.112	-0.074	-0.017	0.074	-0.068	0.032	-0.024	-0.013	0.018	-0.051	-0.020
Pr	1.212	0.081	-0.093	0.006	-0.085	0.055	-0.016	-0.015	0.012	0.002	0.005	-0.010	-0.014	-0.015
Nd	1.361	-0.236	-0.051	-0.010	-0.033	-0.005	-0.040	-0.027	0.031	-0.037	0.015	0.009	-0.007	-0.010
Sm	1.201	0.094	-0.009	-0.051	-0.120	0.041	0.022	0.019	0.063	0.008	-0.023	-0.019	-0.044	0.009
Eu	-0.011	0.944	-0.144	0.013	-0.027	0.034	0.000	0.032	0.055	0.063	-0.108	-0.033	-0.028	0.014

续表

成分矩阵

矿物元素	主成分													
	1	2	3	4	5	6	7	8	9	10	11	12	13	14
Gd	*1.338*	-0.061	-0.060	0.026	-0.153	0.050	0.042	0.034	0.055	0.003	-0.016	-0.028	-0.035	0.023
Tb	-0.103	0.155	0.278	-0.147	-0.191	0.343	-0.080	-0.059	0.063	0.105	-0.058	*0.608*	0.084	-0.139
Dy	0.480	*0.532*	-0.315	-0.173	-0.030	-0.014	-0.118	0.080	0.056	0.016	-0.050	-0.010	0.007	-0.009
Ho	-0.183	*1.206*	0.005	-0.045	-0.159	0.043	0.002	-0.004	-0.019	0.021	-0.077	-0.039	0.018	0.011
Er	0.252	*0.971*	0.111	-0.204	-0.049	-0.082	-0.090	-0.144	-0.005	-0.109	-0.011	0.033	-0.082	-0.029
Tm	-0.400	*1.388*	0.079	-0.080	-0.161	0.014	-0.028	-0.004	-0.090	-0.029	-0.019	0.000	-0.025	-0.009
Yb	0.492	*0.741*	0.088	0.058	-0.128	-0.019	0.058	-0.028	-0.090	0.031	0.089	-0.093	-0.024	0.071
Lu	0.240	-0.182	*-0.958*	0.054	0.063	-0.046	-0.165	0.028	-0.136	0.031	-0.018	0.030	-0.012	0.016
Hf	-0.011	-0.007	-0.106	-0.038	0.361	0.053	-0.187	0.011	-0.002	*0.417*	-0.067	0.239	-0.079	-0.354
Ir	0.194	-0.047	*0.806*	-0.204	-0.145	0.305	-0.024	-0.182	-0.140	-0.295	0.123	-0.023	0.013	-0.035
Pt	0.206	0.007	0.019	-0.035	-0.189	*0.967*	0.020	0.002	-0.116	-0.091	0.010	0.116	-0.024	-0.037
Au	0.057	0.081	*0.560*	-0.217	-0.087	-0.060	-0.030	0.155	0.015	0.042	-0.044	0.076	0.002	-0.026
Tl	-0.091	0.121	0.269	0.160	-0.208	0.144	*0.992*	-0.095	-0.153	0.076	-0.116	0.002	-0.015	0.020
Pb	0.332	-0.317	-0.208	*0.719*	-0.169	0.490	-0.028	0.030	0.044	0.370	0.137	0.015	0.050	0.101
Th	-0.663	*1.294*	0.148	0.003	0.041	-0.115	-0.010	-0.123	-0.157	-0.088	0.132	0.052	-0.075	-0.070
U	-0.069	-0.013	*-0.778*	-0.019	0.126	0.086	-0.046	0.076	-0.331	-0.039	0.123	0.156	0.274	-0.025

注：斜体数据表示各元素在提取的14个主成分中载荷绝对值的最大值。

由表 4 - 10 可知,82.626% 的累计方差贡献率来自前 14 个主成分。

由表 4 - 11 可知,2016 年矿物元素 V、Fe、Y、La、Ce、Pr、Nd、Sm、Gd 在第 1 主成分上载荷较大,即与第 1 主成分的相关程度较高,且 Ca 在第 1 主成分上载荷绝对值较大,即负相关程度较高;Ag、Eu、Dy、Ho、Er、Tm、Yb、Th 在第 2 主成分上载荷较大,即与第 2 主成分的相关程度较高;As、Te、Ir、Au 在第 3 主成分上载荷较大,即与第 3 主成分的相关程度较高,且 Co、Se、Lu、U 在第 3 主成分上载荷绝对值较大,即负相关程度较高;Mg、P、K、Mn、Cu、Zn、Pb 在第 4 主成分上载荷较大,即与第 4 主成分的相关程度较高;Ni、Sr、Ba 在第 5 主成分上载荷较大,即与第 5 主成分的相关程度较高;Na、Pt 在第 6 主成分上载荷较大,即与第 6 主成分的相关程度较高;Cs、Ti 在第 7 主成分上载荷较大,即与第 7 主成分的相关程度较高;Pd、Sn、Sb 在第 8 主成分上载荷较大,即与第 8 主成分的相关程度较高;Sc、Ru、Rh 在第 9 主成分上载荷较大,即与第 9 主成分的相关程度较高;Mo、Hf 在第 10 主成分上载荷较大,即与第 10 主成分的相关程度较高;Al 在第 11 主成分上载荷较大,即与第 11 主成分的相关程度较高;Tb 在第 12 主成分上载荷较大,即与第 12 主成分的相关程度较高;Cr 在第 13 主成分上载荷较大,即与第 13 主成分的相关程度较高;Cd 在第 14 主成分上载荷较大,即与第 14 主成分的相关程度较高。因此可将主成分定义如下。

第 1 主成分:Ca、V、Fe、Y、La、Ce、Pr、Nd、Sm、Gd。

第 2 主成分:Ag、Eu、Dy、Ho、Er、Tm、Yb、Th。

第 3 主成分:As、Te、Ir、Au、Co、Se、Lu、U。

第 4 主成分:Mg、P、K、Mn、Cu、Zn、Pb。

第 5 主成分:Ni、Sr、Ba。

第 6 主成分:Na、Pt。

第 7 主成分:Cs、Ti。

第 8 主成分:Pd、Sn、Sb。

第 9 主成分:Sc、Ru、Rh。

第 10 主成分:Mo、Hf。

第 11 主成分:Al。

第 12 主成分:Tb。

第 13 主成分:Cr。

第 14 主成分:Cd。

故主成分分析可以直观地反映样品中多种元素的信息。

由图 4 - 3 主成分特征向量雷达图可以更清楚地看出 2016 年大豆样品中矿物元素含量的前 7 个主成分中矿物元素的分布情况。

利用第 1,2,3 主成分的标准化得分画出 2016 年不同产地大豆主成分得分图,见图 4 - 4。

由图 4 - 4 可知,虽然不同产地的样品间相互有交叉,但大多数样品可被正确区分。第 1,2 主成分主要综合了大豆样品中 Ca、V、Fe、Y、La、Ce、Pr、Nd、Sm、Gd、Ag、Eu、Dy、Ho、Er、Tm、Yb、Th 等的含量信息,嫩江样品的 Ca、V、Fe、Y、La、Ce、Pr、Nd、Sm、Gd、Eu、Dy、Ho、Er、Tm 和 Yb 含量在两个产地中相对最高,其 1,2 主成分得分较高;第 3 主成分主要综合了大豆样品中 As、Te、Ir、Au、Co、Se、Lu、U 的含量信息,北安样品中的 As、Te、Ir、Au、Se、Lu、U 含量在两产地中相对较低,即第 3 主成分得分较低。可见,主成分分析可以把样品中多种元素的信息通过综合的方式更直观地表现出来。

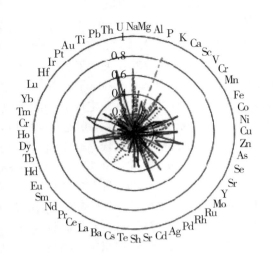

- —— 主成分1（方差贡献率21.989%）
- ……… 主成分2（方差贡献率12.961%）
- - - - 主成分3（方差贡献率8.904%）
- —·—· 主成分4（方差贡献率6.144%）
- —··— 主成分5（方差贡献率5.256%）
- - - 主成分6（方差贡献率4.615%）
- — — 主成分7（方差贡献率3.832%）

图 4 - 3　2016 年大豆样品中矿物元素含量的前 7 个主成分特征向量雷达图

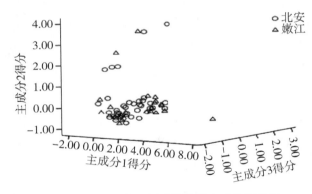

图 4 - 4　2016 年不同产地大豆主成分得分图

4.2.3　不同产地大豆中矿物元素含量的聚类分析

使用系统聚类法,对 2015 年北安和嫩江两个产地 50 份大豆样品中的 46 种元素含量进行聚类分析,结果见图 4 - 5。

由图 4 - 5 可知,当聚类标准(距离)不同时,聚类结果不同。从聚类距离为 15 处切断树状图时,样品被分为两大类:第一类为北安样品,还有 1 个嫩江样品(14)归类错误,其中北安样品中编号 28 的样品没与北安的其他样品聚为一类,且在两大类的归类之外;第二类为嫩江样品,还有 2 个北安样品(21,26)归类错误,嫩江编号为 5,12 的大豆样品没有与嫩江其他样品归为一类,且在两大类的归类之外。因此北安有 1/10 的样品归类错误,嫩江有近 1/6 的样品归类错误。虽然聚类过程中个别样品出现归类错误,但大多数大豆样品产地的区分取得了较好的效果。

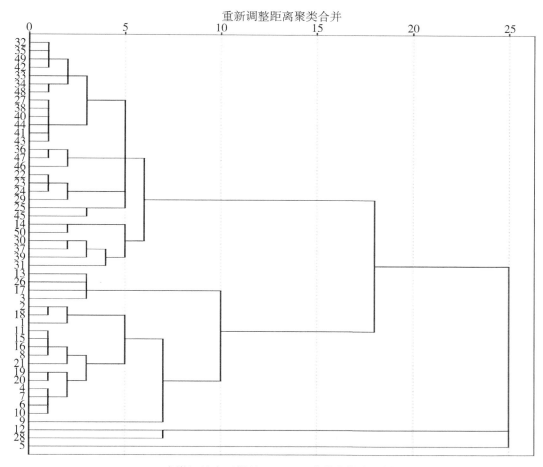

1 ~ 20 为嫩江的大豆样品;21 ~ 50 为北安的大豆样品。

图 4 - 5　使用 Ward 连接的树状图

使用系统聚类法,对 2016 年北安和嫩江两个产地 63 份大豆样品中的 52 种元素含量进行聚类分析,结果见图 4 - 6。

由图 4 - 6 可知,当聚类标准(距离)不同时,聚类结果不同。从聚类距离为 10 处切断树状图时,样品被分为 3 大类:第一类为北安样品,其中北安样品中 24,35,38,39 归到第三类中,归类错误;第二类为嫩江样品,其中包括 6 个北安样品(10,14,15,16,19,23)归类错误,嫩江样品中编号 44,50,51,54 的样品没与嫩江地区的其他样品聚为一类,归到第三类中。因此北安有近 1/4 的样品归类错误,嫩江有 1/6 的样品归类错误。虽然聚类过程中个别样品出现归类错误,但大多数大豆样品产地的区分取得了较好的效果。

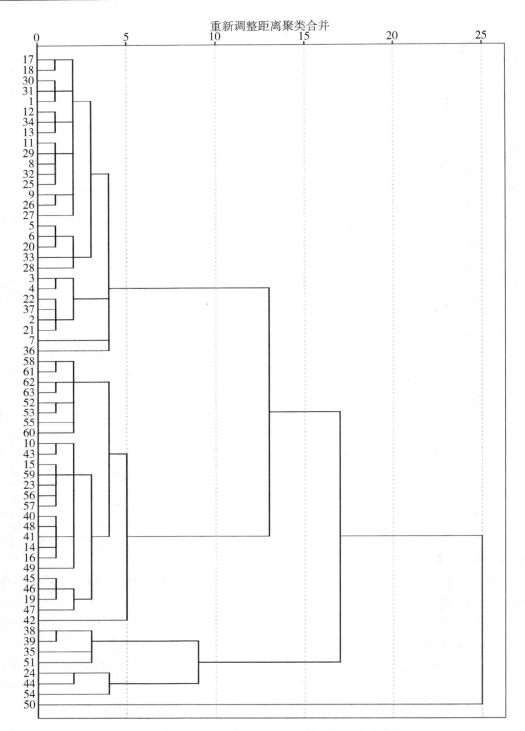

1 ~ 39 为北安的大豆样品;39 ~ 63 为嫩江的大豆样品。

图 4 - 6　使用 Ward 连接的树状图

4.2.4　不同产地大豆中矿物元素含量的判别分析

由不同产地来源的大豆样品各元素含量的方差分析、主成分分析和聚类分析结果可知,利用矿物元素指纹图谱技术判别大豆产地是可行的。为了进一步了解各元素含量指标对大豆产地的判别效果,对不同产地有显著差异的元素进行 Fisher 逐步判别分析,建立判别模型。

2015 年从存在显著差异的 46 种元素中筛选出对产地溯源有效的变量,建立判别模型,并验证模型的有效性,见表 4 – 12、表 4 – 13、表 4 – 14。

表 4 – 12　输入的／删除的变量[a,b,c,d]

步骤	输入的	Wilks 的 Lambda							
		统计量	df1	df2	df3	精确 F			
						统计量	df1	df2	Sig.
1	Tb	0.447	1	1	45.000	55.583	1	45.000	0.000
2	Ag	0.319	2	1	45.000	46.871	2	44.000	0.000
3	Al	0.255	3	1	45.000	41.767	3	43.000	0.000
4	Ba	0.216	4	1	45.000	38.205	4	42.000	0.000
5	Au	0.185	5	1	45.000	36.107	5	41.000	0.000
6	V	0.143	6	1	45.000	39.985	6	40.000	0.000
7	Cd	0.123	7	1	45.000	39.892	7	39.000	0.000
8	Pt	0.111	8	1	45.000	38.064	8	38.000	0.000

注:在每个步骤中,输入了最小化整体 Wilks 的 Lambda 的变量。

a. 步骤的最大数目是 92;

b. 要输入的最小偏 F 是 3.84;

c. 要删除的最大偏 F 是 2.71;

d. F 级、容差或 VIN 不足以进行进一步计算。

由表 4 – 12 可知,在判别过程中有 8 个变量进入了判别模型。

表 4 – 13　分类函数系数

特征指标	分类函数系数	
	产　　地	
	北安	嫩江
Al	0.000	1.124×10^{-5}
V	2.888	1.380
Ag	2.305	− 0.173
Cd	0.342	0.099
Ba	0.003	0.002
Tb	− 0.014	0.019
Pt	− 0.383	3.441
Au	1.065	0.401
常量	− 33.410	− 17.469

注:Fisher 的线性判别式函数。

由表 4 - 13 可得到两个产地判别模型：

模型（1）

$$Y_{北安} = 0.000Al + 2.888V + 2.305Ag + 0.342Cd + 0.003Ba - $$
$$0.014Tb - 0.383Pt + 1.065Au - 33.410 \qquad (4-1)$$

模型（2）

$$Y_{嫩江} = 1.124 \times 10^{-5}Al + 1.380V - 0.173Ag + 0.099Cd + 0.002Ba + $$
$$0.019Tb + 3.441Pt + 0.401Au - 17.469 \qquad (4-2)$$

通过以上两个判别模型分析得到如下产地判别分类结果，结果如表 4 - 14 所示。

表 4 - 14　2015 年北安和嫩江产地大豆中矿物元素判别分类结果

			分类结果[b,c]		
		产地	预测组成员		合计
			北安	嫩江	
初始	计数	北安	26	0	26
		嫩江	1	20	21
		未分组的案例	2	1	3
	占比/%	北安	100.0	0.0	100.0
		嫩江	4.8	95.2	100.0
		未分组的案例	66.7	33.3	100.0
交叉验证[a]	计数	北安	25	1	26
		嫩江	1	20	21
	占比/%	北安	96.2	3.8	100.0
		嫩江	4.8	95.2	100.0

注：a. 仅对分析中的案例进行交叉验证。在交叉验证中，每个案例都是按照从该案例以外的所有其他案例派生的函数来分类的。

　　b. 已对初始分组案例中的 97.9% 样本进行了正确分类。

　　c. 已对交叉验证分组案例中的 95.7% 样本进行了正确分类。

由表 4 - 14 可知，该模型对北安和嫩江两个大豆产地的正确判别率分别为 100.0%，95.2%，对测试集大豆产地的整体正确判别率为 97.9%。该模型的交叉验证结果显示，北安和嫩江地区的整体判别的正确率为 95.7%，其中北安有 96.2% 的样品被正确识别，嫩江有 95.2% 的样品被正确识别。交叉检验的错判率为 4.3%，小于 10%，满足判别效果误判率要求，对大豆产地判别具有应用价值（一般用误判率来衡量判别效果，误判率小于 10% 或 20% 才有应用价值）。证明矿物元素 Al、V、Ag、Cd、Ba、Tb、Pt、和 Au 对北安和嫩江两个产地大豆样品具有有效的判别力。

从 2016 年存在显著差异的 52 种元素中筛选出对产地溯源有效的变量，建立判别模型，并验证模型的有效性，见表 4 - 15、表 4 - 16、表 4 - 17。

表4－15　输入的／删除的变量[a,b,c,d]

步骤	输入的	Wilks 的 Lambda							
		统计量	df1	df2	df3	精确 F			
						统计量	df1	df2	Sig.
1	P	0.553	1	1	61.000	49.309	1	61.000	0.000
2	Ni	0.420	2	1	61.000	41.489	2	60.000	0.000
3	Ti	0.314	3	1	61.000	42.875	3	59.000	0.000
4	Cs	0.252	4	1	61.000	43.012	4	58.000	0.000
5	Mn	0.233	5	1	61.000	37.513	5	57.000	0.000
6	Sr	0.215	6	1	61.000	34.093	6	56.000	0.000
7	Sc	0.194	7	1	61.000	32.599	7	55.000	0.000
8	Zn	0.178	8	1	61.000	31.207	8	54.000	0.000

注:在每个步骤中,输入了最小化整体 Wilks 的 Lambda 的变量。

　　a. 步骤的最大数目是 104;

　　b. 要输入的最小偏 F 是 3.84;

　　c. 要删除的最大偏 F 是 2.71;

　　d. F 级、容差或 VIN 不足以进行进一步计算。

由表4－15可知,在判别过程中有8个变量进入了判别模型。

表4－16　分类函数系数

特征指标	分类函数系数	
	产　地	
	北安	嫩江
P	2.538×10^{-5}	1.972×10^{-5}
Sc	0.023	-0.006
Mn	0.003	0.002
Ni	-0.002	-0.001
Zn	0.002	0.003
Sr	0.001	0.002
Cs	0.127	0.262
Ti	-0.018	-5.129
常量	-160.388	-138.150

注:Fisher 的线性判别式函数。

由表4－16可得出两个产地的判别模型:

模型(1)

$$Y_{北安} = 2.538 \times 10^{-5}P + 0.023Sc + 0.003Mn - 0.002Ni + 0.002Zn +$$
$$0.001Sr + 0.127Cs - 0.018Ti - 160.388 \qquad (4-3)$$

模型(2)

$$Y_{嫩江} = 1.972 \times 10^{-5}P - 0.006Sc + 0.002Mn - 0.001Ni + 0.003Zn +$$
$$0.002Sr + 0.262Cs - 5.129Ti - 138.150 \qquad (4-4)$$

通过以上两个判别模型分析得到如下产地判别分类结果,结果如表4－17所示。

表 4 – 17　2016 年北安和嫩江产地大豆中矿物元素判别分类结果

分类结果[b,c]			预测组成员		合计
		产地	北安	嫩江	
初始	计数	北安	38	1	39
		嫩江	0	24	24
	占比 /%	北安	97.4	2.6	100.0
		嫩江	0.0	100.0	100.0
交叉验证[a]	计数	北安	38	1	39
		嫩江	1	23	24
	占比 /%	北安	97.4	2.6	100.0
		嫩江	4.2	95.8	100.0

注:a. 仅对分析中的案例进行交叉验证。在交叉验证中,每个案例都是按照从该案例以外的所有其他案例派生的函数来分类的。

　　b. 已对初始分组案例中的 98.4% 的样本进行了正确分类。

　　c. 已对交叉验证分组案例中的 96.8% 的样本进行了正确分类。

由表 4 – 17 可知,该模型对北安和嫩江两个大豆产地的正确判别率分别为 97.4% ,100% ,对测试集大豆产地的整体正确判别率为 98.4%。该模型的交叉验证结果显示,北安和嫩江地区的整体判别的正确率为 96.8% ,其中北安有 97.4% 的样品被正确识别,嫩江有95.8% 的样品被正确识别。交叉检验的错判率为 3.4% ,小于 10% ,满足判别效果误判率要求。判别率没有达到 100% 的原因主要是由于大豆品种自身不能合成矿物元素,需要从周围环境中获取,主要获取的方法是从其生长的土壤中吸收,而不同品种的大豆所吸收土壤环境中的矿物元素均不同,其中农作物的施肥、喷药及栽培措施等因素也会对大豆中矿物元素的吸收有影响,这些因素都会不同程度地影响大豆中矿物元素的吸收,导致有些大豆样品矿物元素的吸收相接近,分析过程中会错判到其他地区,故判别率达不到 100%。但是以上得到的判别率符合统计学要求的标准(一般用误判率来衡量判别效果,误判率小于 10%或 20% 才有应用价值)。因此,以上得到的判别模型具有实际应用价值。

4.2.5　产地、品种和年际对大豆矿物元素含量的影响分析

由以上内容可知,大豆中矿物元素不仅受到产地因素的影响,同时也受到其他一些自然因素(如大豆品种及年际) 的影响,分析影响因素对大豆中矿物元素含量的影响程度是研究矿物元素产地溯源技术形成机制的重要内容。

1. 不同产地大豆样品矿物元素含量和组成分析

对来源于不同产地试验田大豆样品中的矿物元素含量进行方差分析(保证产地不同,大豆品种、年际相同)。不同产地大豆样品中矿物元素含量的平均值和标准偏差见表 4 – 18。

表4-18   不同产地大豆中矿物元素含量的平均值和标准偏差

元素($\bar{x} \pm s$)	嫩江	北安	元素($\bar{x} \pm s$)	嫩江	北安
Na*(*)	8.83 ± 5.62^a	3.25 ± 362.81^b	Te	1.18 ± 2.90^a	0.21 ± 0.49^a
Mg(**)	2.10 ± 1.04^a	2.41 ± 0.09^a	Cs	32.50 ± 19.52^a	42.11 ± 25.00^a
Al(*)	9.26 ± 8.91^a	29.82 ± 36.75^a	Ba(*)	6.54 ± 3.67^a	6.52 ± 2.01^a
K(**)	15.42 ± 7.57^a	18.63 ± 0.57^a	La	2.24 ± 1.28^a	1.96 ± 0.61^a
Ca(**)	1.78 ± 0.88^a	2.07 ± 0.24^a	Ce	0.06 ± 0.15	0
Sc	144.54 ± 354.06	0	Pr*	0.32 ± 0.20^a	0.13 ± 0.17^b
V	7.15 ± 5.19^a	6.05 ± 1.72^a	Nd	2.13 ± 1.11^a	1.56 ± 0.53^a
Cr	282.69 ± 583.57^a	41.78 ± 14.85^a	Sm	0	0.03 ± 0.08
Mn(*)	24.14 ± 11.99^a	29.89 ± 2.51^a	Eu*	0.19 ± 0.14^a	0.05 ± 0.07^b
Fe(*)	60.90 ± 30.18^a	72.33 ± 5.55^a	Gd	0	0.01 ± 0.04
Co	59.41 ± 29.71^a	131.28 ± 93.84^a	Tb**	101.54 ± 176.40^b	466.65 ± 138.39^a
Ni(*)	13.61 ± 6.89^a	17.72 ± 3.41^a	Dy	0.22 ± 0.23^a	0.20 ± 0.10^a
Cu*(*)	8.18 ± 4.04^b	11.84 ± 1.37^a	Er	0.03 ± 0.06^a	0.001 ± 0.003^a
Zn(*)	31.31 ± 15.75^a	38.86 ± 2.68^a	Tm	0.02 ± 0.04^a	0.01 ± 0.02^a
As	9.63 ± 4.88^a	12.87 ± 1.76^a	Yb	0.08 ± 0.10^a	0.05 ± 0.06^a
Se*	39.73 ± 20.56^b	58.82 ± 13.42^a	Lu*	310.40 ± 165.53^a	177.42 ± 94.76^b
Rb*(*)	10.57 ± 5.39^b	16.22 ± 4.83^a	Hf*	26.79 ± 33.92^a	5.67 ± 6.50^b
Sr(*)	11.08 ± 5.79^a	10.01 ± 2.09^a	Ir**	0.68 ± 0.64^a	0.07 ± 0.10^b
Mo	213.92 ± 167.85^a	285.58 ± 166.77^a	Pt	0.79 ± 0.44^a	0.98 ± 0.51^a
Ru	0.01 ± 0.01^a	0.03 ± 0.05^a	Au	7.58 ± 5.22^a	6.27 ± 9.78^a
Rh	0	20.45 ± 42.43	Ti	0.89 ± 0.66^a	1.95 ± 1.38^a
Pd*	2.58 ± 3.24^a	0.42 ± 0.99^b	Pb	10.16 ± 6.30^a	12.84 ± 5.43^a
Ag	1.22 ± 0.94^a	1.25 ± 1.30^a	Th	72.71 ± 163.45^a	60.81 ± 142.36^a
Cd	24.09 ± 13.23^a	37.41 ± 18.56^a	U	0.95 ± 1.94^a	0.55 ± 1.25^a

注:a,b表示显著性差异; * 表示两产地间元素差异显著($P < 0.05$), ** 表示两产地间元素差异极显著($P < 0.01$);表格中带(*)的元素含量单位为 mg/kg,带(**)的元素含量单位为 g/kg,其余元素含量单位均为 μg/kg。

由表4-18可知,Na、Cu、Se、Rb、Pd、Pr、Eu、Hf、Lu、Ir元素在不同产地之间有显著差异($P < 0.05$);Tb元素的含量在不同产地之间有极显著差异($P < 0.01$)。该试验研究结果与张勇、Fernández-Cáceres对小麦、茶叶中矿物元素进行含量测定,发现小麦和茶叶中的有些矿物元素的含量在不同产地差异显著的试验研究结果相似。

2.不同品种大豆样品矿物元素组成和含量分析

对不同品种试验田来源大豆样品中矿物元素含量进行方差分析(保证品种不同,大豆产地、年际相同)。不同品种大豆样品中矿物元素含量的平均值和标准偏差如表4-19所示。

表4-19 不同品种大豆样品矿物元素含量

矿物元素	北豆10	黑河36	黑河43号	黑河52	黑河45号	北豆21	北豆5号	克山1号	黑河48	黑河38
Na*	0	5.78±0.01	5.03±0.01	1991.93±0.02	0	74.15±0.02	6.16±0.02	3.82±0.005	6.14±0.01	14.91±0.004
Mg	2443.36±0.02	2194.10±0.03	2454.24±0.07	2503.62±0.04	2550.43±0.04	2037.87±0.03	2658.11±0.02	2343.73±0.03	2841.25±0.05	2342.37±0.06
Al	55.38±0.01	78.28±0.01	19.25±0.01	51.83±0.02	37.2±0.01	1.38±0.01	38.72±0.01	22.17±0.02	3.62±0.01	66.55±0.02
K	1.94E7±12.21	1.85E7±10.86	1.98E7±15.57	2.02E7±12.46	2.02E7±12.57	1.78E7±16.18	1.87E7±32.49	1.85E7±40.69	1.75E7±8.19	1.94E7±14.60
Ca*	2275.35±45.67	1623.76±21.99	1892.36±29.58	1753.32±18.25	1823.43±27.04	1412.32±26.26	1972.54±52.07	1974.76±12.39	2232.43±59.07	1702.43±9.34
V	7.16±0.05	10.48±0.23	13.61±1.10	8.71±0.10	5.71±0.08	2.30±0.08	5.41±0.16	27.64±2.07	8.40±0.14	10.25±0.05
Cr	44.41±1.15	80.72±0.27	2047.95±15.67	43.61±0.16	28.84±0.06	52.41±0.97	34.50±0.87	61.35±0.98	106.71±3.60	32.22±1.09
Mn*	31.77±0.01	31.18±0.01	28.94±0.04	25.06±0.02	26.05±0.02	21.68±0.01	27.43±0.01	26.47±0.01	28.10±0.01	27.51±0.01
Fe*	74.85±0.01	60.17±0.01	74.78±0.05	73.59±0.01	69.24±0.02	63.64±0.01	69.92±0.02	77.92±0.01	66.28±0.01	69.56±0.01
Co	120.41±0.91	96.55±1.07	155.57±8.00	194.92±1.00	65.34±0.12	106.51±1.01	95.22±1.05	73.39±1.52	46.54±1.06	143.41±7.53
Ni*	26.48±0.01	14.36±0.01	17.02±0.01	15.74±0.02	15.66±0.002	7.83±0.01	17.06±0.01	16.86±0.04	20.04±0.02	18.63±0.01
Cu*	12.85±0.01	12.69±0.01	12.37±0.01	11.32±0.01	11.25±0.01	10.24±0.01	12.88±0.04	10.15±0.01	12.77±0.01	10.24±0.01
Zn*	340.04±0.01	39.85±0.01	38.32±0.004	38.81±0.01	38.75±0.01	37.21±0.01	39.74±0.01	38.96±0.03	44.37±0.01	32.86±0.02
As	12.39±0.15	11.38±0.17	17.48±1.00	14.62±0.15	13.18±0.06	10.40±0.07	12.06±0.99	17.43±1.08	13.38±0.99	11.50±1.00
Se	53.27±1.05	33.72±1.01	53.42±1.10	57.24±1.06	58.81±1.01	34.70±1.04	64.20±1.06	61.02±1.00	77.72±1.55	51.18±1.00
Rb*	24.98±0.02	7.61±0.01	5.89±0.01	13.63±0.02	14.18±0.01	15.66±0.01	13.82±0.01	15.64±0.03	19.47±0.02	15.74±0.02
Sr*	11.05±0.004	6.65±0.01	15.55±0.01	7.05±0.01	7.44±0.01	5.59±0.005	9.40±0.01	8.23±0.01	11.73±0.02	8.03±0.01
Mo	87.20±1.01	375.36±7.02	656.72±8.33	133.70±7.81	118.25±3.07	1364.23±9.25	318.05±6.14	386.73±6.48	174.79±7.09	220.31±6.11
Ag	0.70±2.41E-4	1.18±0.01	2.03±0.01	0.30±0.001	0.35±0.01	0.88±0.01	2.05±0.02	1.19±0.04	1.32±0.09	0.32±0.01
Cd	25.71±0.98	18.87±0.95	17.95±0.44	34.61±1.28	57.29±0.91	31.91±0.03	35.15±1.52	25.57±1.04	48.26±0.98	27.49±0.90
Cs	56.29±1.15	9.38±0.17	5.43±0.08	35.45±1.02	45.15±1.00	61.41±0.96	41.62±1.14	41.61±0.76	71.83±1.00	33.45±1.02
Ba*	7.25±0.01	4.07±0.01	9.47±0.01	3.65±0.01	4.25±0.003	1.13±0.004	5.16±0.02	3.75±0.01	6.54±0.02	4.75±0.02

续表

矿物元素	北豆10	黑河36	黑河43号	黑河52	黑河45号	北豆21	北豆5号	克山1号	黑河48	黑河38
La	1.84±0.002	2.29±0.02	2.67±0.11	1.54±0.09	1.30±0.03	0.45±0.001	2.38±0.10	12.69±1.14	3.28±0.04	1.70±0.24
Pr	0.16±2.87E-4	0.45±0.01	0.37±0.002	0.17±6.45E-4	0	0.02±9.78E-4	0.39±0.004	2.65±0.10	0.33±0.001	0
Nd	1.20±2.63E-4	2.39±0.01	3.33±0.004	1.39±0.01	0.72±0.005	0	2.74±0.10	11.38±0.03	2.17±0.04	0.63±0.01
Tb	438.55±3.49	585.43±5.90	497.22±13.31	529.05±3.28	544.36±6.11	374.72±6.85	403.86±6.59	264.47±10.37	276.69±11.87	463.57±8.18
Dy	0.19±0.01	0.12±3.90E-4	0.12±8.18E-5	0.14±0.001	0	0	0.32±0.01	1.95±0.03	0.38±0.02	1.66±0.005
Ho	0	0	0	0	0	0	0	0.16±3.46E-4	0	0
Lu	106.43±0.96	0	0	204.52±1.48	111.27±1.02	134.27±2.02	223.32±10.99	286.05±11.14	150.59±15.00	194.52±4.79
Hf	0.11±4.87	1.51±0.04	3.05±0.01	0.66±0.01	1.44±0.02	8.83±0.03	8.79±0.31	7.82±0.00	11.25±0.12	2.31±0.002
Pt	0.68±0.001	0.73±0.01	0.56±0.003	0.90±0.003	0.50±0.003	3.25±0.02	0.77±0.02	0.33±0.02	0.54±0.01	0.61±0.002
Ti	1.88±0.01	0.38±0.01	0.54±0.01	1.70±8.03E-5	1.76±0.002	2.70±0.02	1.30±0.16	1.48±0.19	1.65±0.08	1.31±4.46E-4
Pb	10.56±0.05	10.65±0.07	8.57±0.26	14.27±0.13	12.24±0.10	6.47±0.03	16.57±0.05	22.71±0.15	37.64±0.29	7.56±0.31

注：表格中带 * 的元素含量单位为 mg/kg，其余元素含量单位均为 μg/kg。

由表 4-19 可知,测定的 52 种矿物元素中有 33 种元素(Na、Mg、Al、K、Ca、V、Cr、Mn、Fe、Co、Ni、Cu、Zn、As、Se、Rb、Sr、Mo、Ag、Cd、Cs、Ba、La、Pr、Nd、Tb、Dy、Ho、Lu、Hf、Pt、Tl 和 Pb)的含量在不同品种之间有极显著差异($P < 0.01$)。该试验研究结果与匡立学、Okwu 测定不同品种苹果、柑橘类水果中矿物元素含量时,发现苹果和柑橘类水果中有些矿物元素的含量在不同品种间差异显著的试验研究结果相似。

3. 不同年际大豆样品矿物元素组成和含量分析

对于不同年际试验田来源大豆样品中矿物元素含量进行方差分析(保证年际不同,大豆产地、品种相同),不同年际大豆样品中矿物元素含量的平均值和标准偏差如表 4-20 所示。

表 4-20　不同年际大豆中矿物元素含量

元素	2015 年	2016 年	元素	2015 年	2016 年
Na**	12.14 ± 6.53(*)	3.25 ± 3.16(*)	Te*	1.22 ± 2.82	0.21 ± 0.49
Mg*	2.38 ± 0.16(**)	2.41 ± 0.09(**)	Cs	40.71 ± 16.21	42.11 ± 25.00
Al	31.13 ± 35.94(*)	29.82 ± 36.75(*)	Ba	6.48 ± 2.89(*)	6.52 ± 2.01(*)
K	18.81 ± 0.11(**)	18.62 ± 0.57(**)	La	2.39 ± 2.12	1.96 ± 0.61
Ca	1.95 ± 0.25(**)	2.07 ± 0.24(**)	Ce*	1.99 ± 2.20	0
V*	9.12 ± 3.46	6.05 ± 1.72	Pr	0.07 ± 0.11	0.13 ± 0.16
Cr*	89.01 ± 73.45	41.78 ± 14.85	Nd*	1.58 ± 1.12	1.60 ± 0.53
Mn	28.33 ± 3.52(*)	29.89 ± 2.51(*)	Sm	0.15 ± 0.26	0.03 ± 0.08
Fe	68.10 ± 6.44(*)	72.33 ± 5.55(*)	Eu	0.09 ± 0.14	0.05 ± 0.07
Co	88.20 ± 39.24	131.28 ± 93.84	Gd	0	0.01 ± 0.04
Ni	15.48 ± 4.14(*)	17.72 ± 3.41(*)	Tb**	89.02 ± 66.32	0.47 ± 0.14(*)
Cu	10.82 ± 1.43(*)	11.84 ± 1.37(*)	Dy**	0.11 ± 0.04	0.20 ± 0.10
Zn	36.21 ± 2.35(*)	38.86 ± 2.68(*)	Ho	0.01 ± 0.12	0
As**	6.56 ± 1.76	12.87 ± 1.76	Er*	0.15 ± 0.17	0.001 ± 0.003
Se**	21.53 ± 7.45	58.82 ± 13.42	Tm	0.05 ± 0.06	0.01 ± 0.02
Rb	14.02 ± 3.59(*)	16.22 ± 4.83(*)	Yb	0.08 ± 0.14	0.04 ± 0.06
Sr	9.97 ± 2.43(*)	10.01 ± 2.09(*)	Lu**	0.57 ± 0.32(*)	177.42 ± 94.76
Y	0	0	Hf*	4.76 ± 5.36	5.67 ± 6.50
Mo	0.28 ± 0.16(*)	0.29 ± 0.17(*)	Ir**	0.72 ± 0.42	0.07 ± 0.10
Ru	0.05 ± 0.06	0.03 ± 0.05	Pt**	1.85 ± 0.42	0.98 ± 0.51
Rh	15.43 ± 29.71	20.45 ± 42.43	Au	3.13 ± 1.78	6.27 ± 9.78
Pd	0.19 ± 0.24	0.42 ± 0.99	Ti	1.11 ± 0.86	1.95 ± 1.38
Ag*	1.13 ± 1.16	1.25 ± 1.30	Pb	28.92 ± 19.59	12.84 ± 5.43
Cd	26.42 ± 11.54	37.41 ± 18.56	Th	48.65 ± 71.32	60.80 ± 142.36
Sb**	14.08 ± 7.85	0	U	0.67 ± 1.24	0.55 ± 1.25

注:* 表示两产地间元素差异显著($P < 0.05$);** 表示两产地间元素差异极显著($P < 0.01$);带(*)的元素含量单位为 mg/kg,带(**)的元素含量单位为 g/kg,其余元素含量单位均为 μg/kg。

由表 4 - 20 可知,Na、As、Se、Sb、Tb、Dy、Lu、Ir 和 Pt 元素的含量在不同年际之间有极显著差异($P < 0.01$),Mg、V、Cr、Ag、Te、Ce、Nd、Er、Hf 和 Pb 元素在不同年际之间有显著差异($P < 0.05$)。该试验与 Baryla、王颖测定的不同年际间牧草、马铃薯中矿物元素含量结果相比,发现本书与其测定的不同年际间牧草和马铃薯有些矿物元素的含量差异显著的结果相似。

4. 交互作用对大豆中矿物元素组成和含量的影响

试验通过 SPSS 软件一般线性模型实现多变量分析,即主效应和交互效应的方差分析,以及产地、品种、年际及其交互作用对各元素含量变异的影响分析。结果显示,产地因素对元素 Tb、Ir、Ti 含量有极显著差异的影响($P < 0.01$),对元素 Mg、K、V、Mn、Co、Cu、Rb、Sr、Pd、La、Pr、Nd、Sm、Eu、Gd、Dy、Er 和 Hf 含量有显著差异的影响($P < 0.05$);品种对元素 Cr、Dy、Ho 和 Pb 含量有显著差异的影响($P < 0.05$);年际对元素 As、Se、Ag、Sb、Te、Tb、Er、Lu、Hf、Pt、Au 和 Pb 含量有极显著差异的影响($P < 0.01$),对元素 V、Pd 和 Ir 含量有显著差异的影响($P < 0.05$)。

产地和品种的交互作用对元素 Na、Ru、Ag 和 Ir 含量有显著影响($P < 0.05$);品种和年际的交互作用对元素 Sn 含量有极显著影响($P < 0.01$),对元素 Cs 和 Ti 含量有显著影响($P < 0.05$);产地和年际的交互作用对元素 Ni、Se、Pd、Tb、Hf、Ir 含量有极显著影响($P < 0.01$),对元素 Al、Zn、As、Rh、Cd、Cs 和 Au 含量有显著影响($P < 0.05$);产地、品种和年际三者的交互作用对元素 Sn 和 Tb 含量有极显著影响($P < 0.01$),对元素 Cs、Ir 和 Ti 含量有显著影响($P < 0.05$)。

5. 与产地直接相关元素的主成分分析

通过以上建立不同产地、品种和年际试验田研究,初步筛选到受产地影响较大的 Tb、Ir、Ti、Mg、K、V、Mn、Co、Cu、Rb、Sr、Pd、La、Pr、Nd、Sm、Eu、Gd、Dy、Er、Hf 共 21 种矿物元素,采用筛选后的元素进行主成分分析,分析结果见表 4 - 21、表 4 - 22、图 4 - 7、图 4 - 8。

表 4 - 21 前 6 个主成分中各变量的特征向量及累计方差贡献率

成分矩阵[a]						
矿物元素	主成分					
	1	2	3	4	5	6
Mg	0.152	0.868	0.120	- 0.146	- 0.189	- 0.056
K	0.118	0.822	0.021	- 0.088	- 0.259	0.024
V	0.822	- 0.032	- 0.109	- 0.169	- 0.118	0.133
Mn	0.161	0.866	0.068	- 0.100	0.004	0.010
Co	- 0.055	0.240	- 0.349	0.083	0.186	0.038
Cu	- 0.012	0.766	- 0.123	- 0.154	- 0.181	- 0.241
Rb	0.076	0.515	- 0.479	0.158	0.387	0.329
Sr	0.357	0.439	0.349	- 0.097	0.343	- 0.305
Pd	0.010	0.148	0.716	0.551	0.030	0.057
La	0.925	- 0.045	- 0.081	0.084	- 0.259	0.119

矿物元素	成分矩阵[a]					
	主成分					
	1	2	3	4	5	6
Pr	0.957	− 0.093	− 0.057	0.114	− 0.116	0.032
Nd	0.934	− 0.068	− 0.094	0.105	− 0.245	0.065
Sm	0.950	− 0.113	− 0.111	0.078	− 0.085	0.067
Eu	0.653	0.045	0.174	0.087	0.555	− 0.292
Gd	0.942	− 0.116	− 0.165	0.056	− 0.124	0.074
Tb	− 0.262	0.172	− 0.528	0.550	− 0.277	− 0.290
Dy	0.634	− 0.058	− 0.100	0.322	0.202	− 0.372
Er	0.714	− 0.046	− 0.001	− 0.353	0.385	− 0.042
Hf	0.035	0.158	0.619	0.658	− 0.048	0.051
Ir	0.197	0.095	0.717	− 0.209	− 0.009	0.495
Ti	− 0.141	0.315	− 0.488	0.361	0.337	0.538
方差贡献率/%	32.255	16.751	12.118	7.723	6.212	5.521
累计贡献率/%	32.255	49.006	61.124	68.846	75.059	80.580

注:提取方法为主成分。

　　a.已提取了6个成分。

　　由表4−21可知,80.580%的累计方差贡献率来自前6个主成分。主成分1方差贡献率为32.255%;主成分2方差贡献率为16.751%;主成分3方差贡献率为12.118%;主成分4主要方差贡献率为7.723%;主成分5方差贡献率为6.212%;主成分6方差贡献率为5.521%。

表4−22　主成分载荷表

矿物元素	成分矩阵					
	主成分					
	1	2	3	4	5	6
Mg	0.047	*1.048*	− 0.013	− 0.063	− 0.087	0.012
K	0.257	*0.989*	0.018	− 0.208	− 0.039	0.000
V	*1.009*	0.109	− 0.224	− 0.148	0.000	0.112
Mn	− 0.108	*0.851*	0.008	0.060	0.073	0.059
Co	− 0.129	− 0.004	− 0.104	0.107	*0.256*	− 0.059
Cu	− 0.142	*0.996*	− 0.232	0.034	− 0.146	− 0.161
Rb	− 0.014	− 0.060	− 0.015	0.083	*0.619*	0.101
Sr	− 0.671	0.362	0.038	0.637	− 0.078	0.006

矿物元素	成分矩阵					
	主成分					
	1	2	3	4	5	6
Pd	− 0.088	− 0.095	*1.130*	0.052	0.018	0.010
La	*1.388*	0.102	0.102	− 0.269	− 0.025	− 0.008
Pr	*1.165*	− 0.025	0.112	− 0.070	− 0.012	− 0.038
Nd	*1.355*	0.081	0.102	− 0.219	− 0.044	− 0.050
Sm	*1.158*	− 0.070	0.041	− 0.073	0.027	− 0.010
Eu	− 0.433	− 0.250	0.094	*0.805*	0.074	− 0.048
Gd	*1.226*	− 0.042	− 0.015	− 0.120	0.021	− 0.019
Tb	0.339	0.169	0.293	− 0.143	− 0.017	*− 0.573*
Dy	0.217	− 0.183	0.206	*0.487*	− 0.031	− 0.320
Er	− 0.041	− 0.120	*− 0.468*	0.461	0.068	0.196
Hf	0.129	− 0.084	*1.204*	− 0.031	0.029	− 0.072
Ir	0.169	0.067	0.336	− 0.263	0.069	*0.559*
Ti	0.163	− 0.394	0.260	− 0.154	*0.749*	0.138

注:斜体数据表示各元素在提取的 6 个主成分中载荷绝对值的最大值。

由图 4 - 7 主成分特征向量雷达图可以更清楚明地看出前 6 个主成分中矿物元素的分布情况。

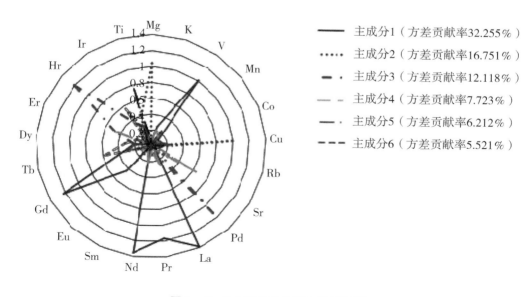

图 4 - 7 6 个主成分特征向量雷达图

图 4 - 8 为不同产地大豆的主成分得分图。

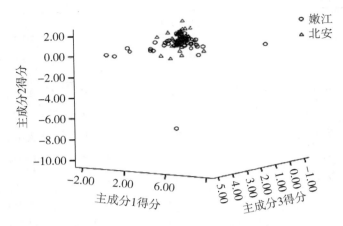

图 4 - 8　不同产地大豆的主成分得分图

由图 4 - 8 可知,来自两个产地的大豆样品分别在不同的空间分布,北安和嫩江两个产地分布距离较接近,但也有着各自的区域范围,且第 1,2,3 主成分主要综合了大豆样品中 V、Sr、La、Pr、Nd、Sm、Gd、Mg、K、Mn、Cu、Pd、Er、Hf 等元素含量信息。说明通过试验田筛选的 21 种矿物元素,能较好地将来自不同产地的样本进行区分,这些元素所涵盖的产地信息可用于大豆的产地溯源。可见,主成分分析可以把样品中多种元素的信息通过综合的方式更直观地表现出来。

6. 与产地直接相关元素的判别分析

通过不同产地来源的大豆样品中的方差分析和主成分分析结果可知,利用 Tb、Ir、Ti、Mg、K、V、Mn、Co、Cu、Rb、Sr、Pd、La、Pr、Nd、Sm、Eu、Gd、Dy、Er、Hf 共 21 种矿物元素特征指标判别大豆的产地是可行的。为了进一步了解各矿物元素指标对大豆产地的判别结果,对不同产地有显著差异的矿物元素进行 Fisher 逐步判别分析,采用步进式方法,建立判别模型。不同产地大豆判别函数模型系数见表 4 - 23,不同产地大豆的分类结果见表 4 - 24。

表 4 - 23　不同产地大豆判别函数模型系数

特征指标	判别函数系数	
	产　　地	
	嫩江	北安
Mg	2.688×10^{-5}	3.186×10^{-5}
Mn	0.001	0.001
Sr	0.000	- 0.002
La	- 0.579	- 1.560
Gd	3.989	10.394
Tb	0.004	0.012
Hf	- 0.089	- 0.223
Ti	0.718	1.733
常量	- 34.493	- 46.729

注:Fisher 的线性判别式函数。

由表 4 - 23 可得两个产地的判别模型如下:

模型(1)

$$Y_{嫩江} = 2.688 \times 10^{-5}\text{Mg} + 0.001\text{Mn} + 0.000\text{Sr} - 0.579\text{La} + 3.989\text{Gd} + 0.004\text{Tb} - 0.089\text{Hf} + 0.718\text{Ti} - 34.493 \tag{4-5}$$

模型(2)

$$Y_{北安} = 3.186 \times 10^{-5}\text{Mg} + 0.001\text{Mn} - 0.002\text{Sr} - 1.560\text{La} + 10.394\text{Gd} + 0.012\text{Tb} - 0.223\text{Hf} + 1.733\text{Ti} - 46.729 \tag{4-6}$$

通过以上两个判别模型分析得到大豆产地的判别分类结果,如表 4 - 24 所示。

表 4 - 24　不同产地大豆的判别分类结果

分类结果[b,c]					
		产地	预测组成员		合计
			嫩江	北安	
初始	计数	嫩江	41	3	44
		北安	4	55	59
	占比/%	嫩江	93.2	6.8	100.0
		北安	6.8	93.2	100.0
交叉验证[a]	计数	嫩江	41	3	44
		北安	6	53	59
	占比/%	嫩江	93.2	6.8	100.0
		北安	10.2	89.8	100.0

注:a. 仅对分析中的案例进行交叉验证。在交叉验证中,每个案例都是按照从该案例以外的所有其他案例派生的函数来分类的。

b. 已对初始分组案例中的 93.2% 的样本进行了正确分类。

c. 已对交叉验证分组案例中的 91.3% 的样本进行了正确分类。

由表 4 - 24 可知,该模型对北安和嫩江两个大豆产地的正确判别率分别为 93.2%,93.2%,对测试集大豆产地的整体正确判别率为 93.2%。该模型的交叉验证结果显示,嫩江和北安有 91.3% 的样品被正确识别,其中嫩江 93.2% 的样品被正确识别,北安有 89.8% 的样品被正确识别。交叉检验的错判率为 8.5%,小于 10%,满足判别效果误判率要求,对大豆产地判别具有应用价值(一般用误判率来衡量判别效果,要求误判率小于 10% 或 20% 才有应用价值),证明矿物元素 Mg、Mn、Sr、La、Gd、Tb、Hf 和 Ti 对北安和嫩江两个产地大豆样品具有有效的判别力。

4.2.6　土壤矿物元素含量对大豆籽粒矿物元素含量的影响

1. 不同产地土壤基本理化性质

不同地区土壤基本理化性质,见表 4 - 25。

表 4 - 25　不同地区土壤基本理化性质

土壤矿物元素	指标	北安	嫩江
碱解氮 /(mg/kg)	均值 ± 标准偏差 变幅 变异系数 /%	249.05 ± 45.95[a] 158.58 ~ 405.99 18.45	199.77 ± 41.91[b] 134.56 ~ 310.58 20.98
有效磷 /(mg/kg)	均值 ± 标准偏差 变幅 变异系数 /%	36.34 ± 28.88[a] 7.67 ~ 148.08 79.47	37.03 ± 14.90[a] 12.42 ~ 68.52 40.24
速效钾 /(mg/kg)	均值 ± 标准偏差 变幅 变异系数 /%	277.85 ± 322.44[a] 122.30 ~ 1 867.70 116.05	242.93 ± 52.67[a] 157.20 ~ 373.60 21.68
有机质 /%	均值 ± 标准偏差 变幅 变异系数 /%	6.71 ± 1.42[a] 3.87 ~ 12.68 21.16	5.62 ± 1.03[b] 3.59 ~ 8.44 18.33
PH 值	均值 ± 标准偏差 变幅 变异系数 /%	6.23 ± 0.57[a] 5.51 ~ 8.08 9.15	6.04 ± 0.33[a] 5.36 ~ 6.56 5.46

注:a,b 表示显著性差异。

由表 4 - 25 对不同地区土壤的碱解氮、有效磷、速效钾、有机质和 pH 值进行测定,分析结果如下,北安地区土壤的碱解氮、速效钾、有机质和 pH 值这 4 个基础指标的平均值均高于嫩江地区,且北安地区土壤的 PH 值范围是从弱酸性到弱碱性。而嫩江地区土壤中有效磷含量略高于北安地区,且嫩江地区土壤的 pH 值呈弱酸性。由表 4 - 25 可以看出,来自同一产地的不同农场各个指标的含量均有不同,导致在同一产地不同农场之间各个土壤基础指标的变异系数较大,如北安各个农场之间土壤中有效磷和速效钾的变异系数分别为 79.47%,116.05%。土壤中有机质含量可以提供有机酸和腐殖酸,可以溶解土壤中的矿物元素,通过螯合或络合作用,使之成为离子状态有助于养分的吸收。总体而言,北安地区土壤基础指标与嫩江地区差别较大,这主要与北安地区的土壤类型和地下水有关。这些基本理化性质的差异对土壤中元素含量和组成有一定影响。

2. 不同产地来源大豆籽粒及对应土壤中矿物元素含量特征分析

不同产地来源大豆籽粒及对应土壤中矿物元素含量特征分析,见表 4 - 26。

表4-26　不同产地大豆及对应土壤的矿物元素含量

元素	嫩江大豆样品	嫩江土壤样品	北安大豆样品	北安土壤样品
Na	10.25±4.65*	9.67±0.97*	71.35±353.72*	9.87±1.22*
Al	12.41±10.57*	26.81±13.56*	35.67±34.92*	3.50±1.63*
K	18.18±4.28**	0.02±0.001*	18.85±0.83**	23.98±13.41**
Ca	1.94±0.52**	0.004±0.002**	1.91±0.29**	1.03±0.30***
Sc	43.58±191.68	0.15±0.35*	5.41±29.52	15.01±1.06*
V	7.25±3.14	80.01±3.32*	7.59±4.56	4.45±2.42*
Cr	0.14±0.31*	85.94±24.11*	0.11±0.37*	4.26±2.36*
Mn	26.06±6.43*	0.67±0.09***	27.52±3.15*	0.24±0.57*
Fe	67.87±16.85*	27.93±1.43*	70.10±6.20*	75.97±9.17*
Co	73.33±24.82	13.34±1.49*	110.077±68.918	84.73±34.14*
Ni	13.81±4.32*	13.64±18.88*	16.24±3.61*	0.59±0.09***
Cu	9.87±2.44*	20.67±1.45*	11.29±1.62*	27.03±2.42*
Zn	34.36±8.50	56.60±3.71*	38.46±3.13*	11.30±1.90*
As	10.10±3.02	11.37±1.54*	12.760±2.352	4.38±12.36
Se	43.27±15.83	0.68±0.43*	58.41±12.49	22.36±3.60*
Sr	10.51±3.53*	99.03±41.96*	8.74±2.46*	61.53±10.67*
Mo	0.24±0.12*	1.13±0.16*	0.41±0.52*	9.82±0.85*
Ru	0.01±0.03	0.047±0.246	0.02±0.04	0.49±0.40*
Pd	2.33±2.55	0.673±1.981	0.28±0.77	39.98±22.81*
Ag	1.62±1.26	136.760±13.342	1.04±0.93	92.85±41.37*
Cd	24.68±10.88	76.972±10.697	31.95±15.76	6.23±5.54*
Te	0.86±1.88	31.110±21.894	0.21±0.47	0.99±0.18*
Cs	31.17±16.76	3.84±1.50*	39.37±21.58	0.17±0.49

元素	嫩江大豆样品	嫩江土壤样品	北安大豆样品	北安土壤样品
Ba	6.00±2.42*	0.46±0.10***	5.26±2.06*	1.19±0.63*
La	3.62±4.16	13.86±12.56*	2.25±2.14	0.67±1.47
Ce	1.99±7.11	29.70±26.77*	0.99±5.38	138.73±18.73
Pr	0.62±0.90	3.37±2.97*	0.23±0.52	100.58±30.18
Nd	2.89±3.01	12.92±11.19*	1.88±2.01	3.03±4.17*
Sm	0.21±0.53	2.47±2.09*	0.07±0.25	0
Eu	0.17±0.14	0.53±0.43*	0.03±0.06	33.49±24.77
Gd	0.08±0.30	2.21±1.80*	0.05±0.23	3.34±1.49*
Tb	65.95±106.80	3.52±1.07*	0.47±0.13*	0.40±0.10***
Dy	0.24±0.18	1.80±1.39*	0.29±0.44	10.56±10.41*
Ho	0.004±0.013	0.36±0.27*	0.01±0.03	23.11±21.49*
Er	0.06±0.08	1.05±0.78*	0.02±0.11	2.63±2.48*
Tm	0.02±0.04	0.14±0.78*	0.003±0.014	10.17±9.49*
Yb	0.10±0.10	1.02±0.66*	0.05±0.10	2.02±1.81*
Lu	0.34±0.10*	0	173.17±94.76	0.44±0.38*
Hf	24.35±20.30	3.87±0.31*	4.45±5.39	1.86±1.59*
Ir	0.92±0.71	2.65±1.27	0.10±0.19	5.00±0.64*
Pt	0.82±0.43	10.68±1.59	0.87±0.60	1.53±1.25*
Au	9.51±5.09	0.90±1.43	4.92±8.16	0.31±0.25*
Ti	0.92±0.61	601.87±29.12	1.66±1.01	0.92±0.73*
Pb	12.34±4.35	23.39±1.47*	13.55±6.57	121.38±91.91
Th	58.97±124.47	5.90±3.78*	34.97±99.68	0.81±0.62*
U	0.63±1.20	2.72±0.25*	0.35±0.88	4.04±20.06

注：表格中带"*"的元素含量单位为 mg/kg；带"**"的元素含量单位为 g/kg；其余元素含量单位均为 μg/kg。

由表4-26可知,通过对北安和嫩江两个产地大豆样品的52种矿物元素含量进行多重比较分析结果如下,研究结果表明 Na、Al、K、Ca、Sc、V、Cr、Mn、Fe、Co、Ni、Cu、Zn、As、Se、Sr、Mo、Ru、Pd、Ag、Cd、Te、Cs、Ba、La、Ce、Pr、Nd、Sm、Eu、Gd、Tb、Dy、Ho、Er、Tm、Yb、Lu、Hf、Ir、Pt、Au、Tl、Pb、Th 和 U 46 种元素含量在地域间存在显著性差异。

由表4-26可知,通过对北安和嫩江两个产地土壤样品的52种矿物元素含量进行多重比较分析,研究发现 Mg、Al、K、Ca、Sc、V、Cr、Mn、Fe、Co、Ni、Zn、As、Se、Rb、Sr、Y、Mo、Ru、Rh、Rd、Ag、Cd、Sn、Sb、Te、Cs、Ba、La、Ce、Pr、Nd、Sm、Eu、Gd、Tb、Dy、Ho、Er、Tm、Yb、Lu、Hf、Ir、Pt、Au、Tl、Pb、Th 和 U 50 种元素含量在地域间存在显著性差异。

3.土壤矿物元素含量对大豆籽粒矿物元素含量的影响

为了进一步说明土壤矿物元素含量对大豆中矿物元素含量的影响,分别对大豆及土壤中矿物元素含量进行 Pearson 相关分析,结果如表4-27所示。

表4-27　大豆和土壤样品矿物元素含量的相关系数表

矿物元素	相关系数	矿物元素	相关系数
Na	0.11	Sb	0.00
Mg	-0.14	Te	-0.06
Al	-0.06	Cs	-0.12
P	-0.31	Ba	0.19
K	-0.13	La	-0.17
Ca	-0.89	Ce	-0.21
Sc	0.11	Pr	-0.16
V	0.25	Nd	-0.18
Cr	0.00	Sm	-0.18
Mn	-0.07	Eu	0.12
Fe	-0.15	Gd	0.22*
Co	-0.13	Tb	0.49**
Ni	-0.14	Dy	-0.13
Cu	-0.06	Ho	-0.25
Zn	-0.13	Er	-0.12
As	0.26*	Tm	0.04
Se	-0.26	Yb	0.05
Rb	-0.14	Lu	0.00
Sr	0.12	Hf	0.09
Y	0.01	Tr	-0.05
Mo	0.09	Pt	-0.13
Ru	0.30*	Au	0.01

矿物元素	相关系数	矿物元素	相关系数
Rh	− 0.18	Tl	− 0.12
Pd	0.13	Pb	− 0.09
Ag	− 0.06	Th	− 0.21
Cd	0.09	U	− 0.09

注:标 ＊＊＊ 数据表示元素含量在样品间显著相关($P < 0.05$)、极显著相关($P < 0.01$)

由表4 − 27可知,As、Ru、Gd含量在大豆与土壤间呈显著正相关($P < 0.05$),Tb含量在大豆与土壤间呈极显著正相关($P < 0.01$),说明大豆籽粒中元素As、Ru、Gd、Tb含量随着表层土壤中相应元素含量的增加而增加,增加程度大小的顺序依次为:Tb > Ru > As > Gd。该试验研究结果与Laul J. C.在1979年报道的土壤中镧系元素与植物生长过程的富集和累积作用显著相关的分析结果相似,与王小玲研究的农作物对稀土元素的吸收量与其生长土壤或基质中稀土元素含量相关性的分析结果相似;与Almeida和Vasconcelos对种植葡萄的产地土壤及生产的葡萄酒的样品进行多种元素相关分析的结果相似。以上研究结果都表明土壤中的矿物元素与农作物中部分矿物元素都有显著相关性,这与本书的结果相似。

4. 不同产地大豆与土壤中密切相关的矿物元素含量的判别分析

相关分析的结果表明,与土壤密切相关的元素携带不同产地大豆样品特征信息,可以用于判别大豆的产地。为了进一步研究大豆与土壤中密切相关的矿物质元素对产地的判别效果,分别利用这些矿物元素进行判别分析。将样本随机分为两组,57 个样本作为训练集,建立模型;20 个样本作为测试集,检验已建模型的有效性。利用大豆中与土壤密切相关的矿物元素建立的判别模型如下:

$$Y_{北安} = 0.009As + 4.36Ru − 5.8 × 10^{-5}Gd + 0.011Tb − 73.50 \tag{4 − 7}$$

$$Y_{嫩江} = 0.01As + 4.25Ru + 0.001Gd + 0.008Tb − 74.512 \tag{4 − 8}$$

利用此模型判别测试集样品,对北安和嫩江两个产地样品产地的正确判别率分别为98.3%,98.7%,这表明利用这4 种元素建立的判别模型对产地的判别效果较好。

4.3　本章小结

本章以2015 年和2016 年采集的北安和嫩江两个产地共113 份大豆样本为研究对象,采用ICP − MS 分别对大豆中46 种和52 种矿物元素含量进行了测定,结果如下。

(1)利用SPSS 数据处理系统分析不同产地大豆样品中的矿物元素组成和含量差异特征,方差分析、主成分分析、聚类分析和判别分析的结果显示,来自这两个不同产地的大豆中矿物元素含量有其各自的特征,各自的分布空间不同,两年的大豆产地判别正确率都在90.0% 以上,说明利用矿物元素之间的差异作为判别指标来对大豆产地溯源判别以区分黑龙江省大豆的不同地域来源是可行的。

(2)通过SPSS 软件一般线性模型实现多变量分析,即主效应和交互效应的方差分析以及产地、品种、年际及其交互作用对各元素含量变异的影响分析。结果如下。

①Tb、Ir、Ti 元素的含量在不同产地之间有极显著差异（$P < 0.01$），Mg、K、V、Mn、Co、Cu、Rb、Sr、Pd、La、Pr、Nd、Sm、Eu、Gd、Dy、Er 和 Hf 元素的含量在不同产地之间有显著差异（$P < 0.05$）；Cr、Dy、Ho 和 Pb 元素的含量在不同品种之间有显著差异（$P < 0.05$）；As、Se、Ag、Sb、Te、Tb、Er、Lu、Hf、Pt、Au 和 Pb 元素的含量在不同年际之间有极显著差异（$P < 0.01$），V、Pd 和 Ir 元素含量在不同年际之间有显著差异（$P < 0.05$）。产地、品种和年际三者的交互作用对元素 Sn 和 Tb 含量有极显著影响（$P < 0.01$），对元素 Cs、Ir 和 Ti 含量有显著影响（$P < 0.05$）。

② 通过对与产地直接相关元素的主成分分析，Tb、Ir、Ti、Mg、K、V、Mn、Co、Cu、Rb、Sr、Pd、La、Pr、Nd、Sm、Eu、Gd、Dy、Er、Hf 共 21 种元素能较好地将不同产地来源大豆样本进行区分，这些元素所涵盖的产地信息可用于大豆的产地判别。对不同产地有显著差异的矿物元素进行 Fisher 逐步判别分析，采用步进式方法，建立判别模型，结果显示对于大豆样本，Mg、Mn、Sr、La、Gd、Tb、Hf 和 Ti 这 8 种矿物元素先后被引入判别模型中，证明矿物元素 Mg、Mn、Sr、La、Gd、Tb、Hf 和 Ti 对北安和嫩江两个产地大豆样品具有有效的判别力。

（3）本书通过分析北安和嫩江两个产地大豆及对应土壤中矿物元素含量差异，结果如下。

① 地域因素为大豆矿物元素指纹信息的影响提供了前提条件，土壤是大豆中矿物元素的主要来源，对大豆产地矿物元素指纹信息的形成具有重要作用。

② 研究发现，As、Ru、Gd 含量在大豆与土壤间呈显著正相关（$P < 0.05$），Tb 含量在大豆与土壤间呈极显著正相关（$P < 0.01$），上述元素是大豆矿物元素产地溯源较为可靠的指纹信息指标。

5　基于有机成分辅助矿物元素含量的大豆产地溯源

近年来,由于各国学者对农产品产地溯源技术的研究进行了大胆尝试,使得这一技术已有了阶段性进展,对于农产品产地溯源技术可行性的研究也日趋成熟。但是研究学者们也认识到了筛选的溯源指标的适用性和稳定性受到多方面因素的影响,因此要进行产地溯源的研究就要对样本进行连续多年的采集,为构建稳定且准确的产地判别模型打下坚实的基础。本章将结合筛选的大豆中与产地直接相关的有机成分以及筛选与产地、土壤直接相关的矿物元素作为特征指纹信息,以 2015—2016 年试验田的北安和嫩江两个大豆产地 112 份样本作为建模对象,以 2014 年随机采集的北安和嫩江两个大豆产地 56 份大豆样品作为验证对象,检验筛选溯源指标的有效性。

5.1　试　验　设　计

5.1.1　试验材料、试剂及仪器

本试验于 2014—2016 年,采集统一耕整地、播种施肥、田间管理和收获环节全程机械化作业的北安和嫩江两个大豆产地的大豆样品共计 168 份,见表 5 - 1。

表 5 - 1　2014—2016 年样本信息表

产地	年际	样本数	品　种	经　度	纬　度	平均气温/℃	年均降水量/mm	日照时数/h
嫩江大豆主产地	2014	26	2011、北豆 42、黑河 43、北豆 10、嫩奥 1092、北豆 34、黑河 45、黑河 34	124°44′～126°49′	48°42′～51°00′	2.6	621	2 832
	2015	20	有机黑河 43、1092、黑河 45、黑河 43、克山 1 号、黑河 56、黑科 56、云禾 666、华疆 4 号	124°45′～126°48′	48°43′～51°01′	2.7	634	2 854
	2016	32	黑河 52、登科 1 号、北豆 34、黑科 56、有机黑河 43、华疆 4 号、垦鉴豆 27	124°43′～126°48′	48°41′～51°01′	2.8	617	2 862

产地	年际	样本数	品　　种	经　度	纬　度	平均气温/℃	年均降水量/mm	日照时数/h
北安大豆主产地	2014	30	北汇豆1号、华疆2号、黑河农科研6号、黑河35、711、北豆42、北豆28、克山1号、北豆14、黑河24、垦鉴豆27、华疆4号	125°54′～128°34′	47°62′～49°62′	0.8	500	2 600
	2015	30	垦丰22、垦豆41、龙垦332、合农95、金源55垦亚56、丰收25、北豆47、黑河43、北豆41	125°53′～128°35′	47°63′～49°61′	0.9	512	2 576
	2016	30	克山1号、黑河43、黑河7号、黑河1号、北豆40、华江2号、北江9-1、北豆29、东农48	125°55′～128°37′	47°62′～49°64′	1.0	543	2 616

本试验所用仪器及试剂的主要信息见表5-2和表5-3。

表5-2　主要仪器型号及生产厂家

仪器名称	型　号	生产厂家
高速多功能粉碎机	BLF-YB2000型	深圳百利福工贸有限公司
组织捣碎机	800S	上海森信实验仪器有限公司
称量皿	40 mm×25 mm	南通市卫宁实验器材有限公司
电热恒温鼓风干燥箱	DGG-9023A型	上海森信实验仪器有限公司
索氏提取器	HAD/SXT-06	北京恒奥德仪器仪表有限公司
水浴锅	2-6型双列六孔	上海雷韵试验仪器制造有限公司
电热板	新诺DB-3	盐城市创仕源电热设备有限公司
干燥器（内有干燥剂）	型号M359040	临沂市科航实验设备有限公司
瓷坩埚	25 mL	唐山市开平盛兴化学瓷厂
电子天平	梅特勒AL104型	美国梅特勒-托利多公司
马弗炉（温度≥600 ℃）	SX2-4-10	上海旦鼎国际贸易有限公司
石墨消解仪	SH420	济南海能仪器股份有限公司
全自动凯氏定氮仪	K9860	济南海能仪器股份有限公司
紫外分光光度计	Evolution 201型	美国赛默飞世尔公司
电热恒温水浴锅	DK-S28型	上海森信实验仪器有限公司

仪器名称	型　号	生产厂家
电子天平	XS 205 型	梅特勒 – 托利多公司
电感耦合等离子体发射光谱仪	iCAP 6000 系列	美国 Thermo 公司
高通量密闭微波消解系统	Mars6 型	美国 CEM 公司
精确控温电热消解仪	DV4000	北京安南科技有限公司
超纯水设备	Smart – N – 15UV 型	苏州江东精密仪器有限公司
GPS	X68	易力家居公司

表 5 – 3　主要试剂及生产厂家

试剂名称	规格	生产厂家	试剂名称	规格	生产厂家
浓硫酸	优级纯	北京化学试剂研究所	硼酸溶液（20 g/L）	分析纯	北京化学试剂研究所
过氧化氢	优级纯	北京化学试剂研究所	95% 乙醇	分析纯	北京化学试剂研究所
氢氟酸	优级纯	北京化学试剂研究所	氢氧化钠	分析纯	北京化学试剂研究所
浓硝酸（65%）	优级纯	北京化学试剂研究所	亚甲基蓝指示剂	分析纯	北京化学试剂研究所
超纯水	> 18.2	中国农业科学院农产品加工研究所	溴甲酚绿指示剂	分析纯	北京化学试剂研究所
高氯酸	优级纯	北京化学试剂研究所	甲基红指示剂	分析纯	北京化学试剂研究所
多元素标准溶液 5183 – 4688	—	美国安捷伦公司	硼酸	分析纯	国药集团化学试剂有限公司
多元素标准溶液 8500 – 6944	—	美国安捷伦公司	硫酸（密度为 1.84 g/L）	分析纯	国药集团化学试剂有限公司
多元素标准溶液 8500 – 6948	—	美国安捷伦公司	硫酸钾	分析纯	国药集团化学试剂有限公司
内标（Bi、Ge、In）	—	美国安捷伦公司	硫酸铜	分析纯	国药集团化学试剂有限公司
过 100 目筛的大豆粉样品	—	—	石油醚（沸程为 30 ~ 60 ℃）	分析纯	国药集团化学试剂有限公司
土壤标准物质	GBW（E）070041	中国标准物质采购中心	无水乙醚	分析纯	国药集团化学试剂有限公司
苏丹 – Ⅲ	分析纯	北京欣经科生物技术有限公司	乙酸镁	分析纯	国药集团化学试剂有限公司
无水乙醇溶液	分析纯	国药集团化学试剂有限公司	苯酚	优级纯	天津市津科精细化工研究所
生物成分分析标准物质 – 大豆	GBW10055	中国标准物质采购中心	D – 无水葡萄糖	优级纯	中国药品生物制品检定所

5.1.2　试验方法

1. 样品采集

试验在大豆成熟期采集北安和嫩江两个产地的大豆样品，试验准备镰刀、大豆编织网袋、样品标签、采样记录表等。根据代表性采样原则，采用"S"形采样法，依照不同保护范围及种植范围大小设置采样点，每块地域随机设置 9 个重复点，每个采样点沿植株底部割取大豆 4 m² 左右，且每个采样点采取 1~2 kg 大豆放入编织网袋中，写好标签、编号挂好，记录采样地点、经纬度、品种、采样时间和采样人等信息。

2. 样本预处理方法

预处理时选取无破损、无虫蚀饱满的大豆样品 100 g 作为分析样品。将大豆样品先用蒸馏水冲洗干净再用去离子水冲洗数次，放入 60 ℃ 的烘箱中鼓风干燥 8 h，再用高速多功能粉碎机粉碎制得大豆全粉，过 100 目筛待测。所有样本采用统一方式处理。

3. 样本消解及元素含量测定

参考赵海燕等的方法，准确称取 0.200 0 g 大豆全粉，置于消化管中，加入 6 mL 浓硝酸（65%，分析纯）和 3 mL 盐酸（37%，分析纯），放入 MARS 高通量密闭微波消解仪（CEM 公司）中，采用程序升温法进行微波消解。消解后得到澄清透明的溶液，溶液经排酸后用超纯水（电阻率大于 18.2 MΩ·cm）洗出样品，定容到 100 mL，采用同样方法进行空白样品和大豆标准物样品消解。

ICP－MS 工作参数为射频功率 1 280 W，雾化室温度 2 ℃，冷却水流量 1.47 L/min，载气流量 1.0 L/min，补偿气体流量 1.0 L/min。仪器测定 2015 年大豆样品和对比标准物中 Na、Mg、Al、K、Ca、Sc、V、Cr、Mn、Fe、Co、Ni、Cu、Zn、As、Se、Rb、Sr、Y、Mo、Ru、Rh、Rd、Ag、Cd、Sn、Sb、Te、Cs、Ba、La、Ce、Pr、Nd、Sm、Eu、Gd、Tb、Dy、Ho、Er、Tm、Yb、Lu、Hf、Ir、Pt、Au、Tl、Pb、Th 和 U 共 52 种矿物元素的含量。测定过程要求对比标准物中元素的回收率均大于 90%。

用外标法进行定量分析，以美国 Agilent 公司的环境标样（Part#5183－4680，Agilent）为标准样品，用内标元素 In、Li、Y、Tb、Bi 和 Ge 保证仪器的稳定性。当内标元素的 RSD 大于 5% 时，需要对样品重新测定，且每个样品重复测定 3 次。

元素的检出限和定量限见表 4－5。

4. 样本营养元素含量测定

蛋白质含量采用凯氏定氮法（GB 5009.5—2010）测定；粗脂肪含量采用食品中粗脂肪的测定方法（GB/T 14772—2008）测定；灰分含量采用残余法（GB 5009.4—2010）测定；可溶性总糖含量采用硫酸－苯酚法测定。

5.2　基于 Fisher 判别分析
建立不同产地溯源模型

5.2.1　不同产地大豆样本中矿物元素含量

连续三年分析不同产地大豆样本中矿物元素的含量，见表 5－4。

表5-4　不同产地大豆样本中矿物元素含量

指标	2014年度		2015年度		2016年度	
	嫩江	北安	嫩江	北安	嫩江	北安
Mg**	2.26±0.56[a]	2.38±0.16[a]	2.30±0.18[b]	2.42±0.17[a]	2.28±0.22[b]	2.37±0.18[a]
K**	18.18±4.35[a]	18.85±0.84[a]	18.16±1.14[b]	19.07±0.93[a]	18.16±1.45[b]	18.68±0.87[a]
V	7.31±3.08[a]	7.62±4.76[a]	14.71±13.03[a]	9.40±4.38[b]	11.22±6.02[a]	7.21±3.98[b]
Mn*	26.03±6.53[a]	27.49±3.18[a]	26.66±2.52[b]	28.96±3.66[a]	26.32±4.13[b]	27.99±3.56[a]
Co	75.22±25.22[b]	110.83±67.65[a]	85.71±29.73[a]	98.16±53.56[a]	79.54±21.35[b]	99.44±54.46[a]
Cu*	9.87±2.47[b]	11.29±1.61[a]	10.37±0.91[a]	10.89±1.57[a]	10.12±1.01[a]	10.43±1.34[a]
As	10.13±2.92[b]	12.72±2.00[a]	4.93±3.93[a]	4.24±2.94[a]	5.66±3.45[a]	4.99±2.57[a]
Rb*	11.45±3.54[b]	15.02±4.55[a]	13.19±2.63[a]	14.17±4.05[a]	12.54±2.32[a]	14.98±4.54[a]
Sr*	10.51±3.57[a]	8.74±2.50[b]	11.70±1.83[a]	9.09±2.01[b]	10.99±1.73[a]	9.01±2.21[b]
Ru	0.01±0.03[a]	0.02±0.04[a]	0.02±0.03[a]	0.02±0.04[a]	0.02±0.03[a]	0.02±0.04[a]
Pd	2.38±2.71[a]	0.28±0.76[b]	0.10±0.26[a]	0.05±0.16[a]	0.09±0.22	—
La	3.55±4.04[a]	2.24±2.13[a]	4.63±6.03[a]	1.81±1.43[b]	4.21±5.90[a]	2.54±1.99[b]
Pr	0.60±0.88[a]	0.21±0.50[a]	0.77±1.30[a]	0.19±0.45[b]	0.69±1.01[a]	0.21±0.52[b]
Nd	2.84±3.04[a]	1.87±1.94[a]	3.74±5.28[a]	1.18±1.16[b]	3.56±4.68[a]	1.18±1.17[b]
Sm	0.21±0.52[a]	0.08±0.30[a]	0.47±0.96[a]	0.07±0.19[b]	0.40±0.73[a]	0.07±0.28[b]
Eu	0.17±0.14[a]	0.03±0.06[a]	0.19±0.27[a]	0.10±0.23[a]	0.18±0.21[a]	0.09±0.21[a]
Gd	0.08±0.32[a]	0.05±0.23[a]	0.34±0.80[a]	0.05±0.15[a]	0.35±0.83[a]	0.05±0.17[a]
Tb	65.81±109.35[b]	465.27±122.60[a]	3.21±15.70[a]	14.97±65.99[a]	7.32±13.32[a]	16.44±21.44[a]
Dy	0.24±0.18[a]	0.29±0.44[a]	0.31±0.39[a]	0.09±0.26[b]	0.30±0.38[a]	0.12±0.23[b]
Er	0.06±0.08[a]	0.02±0.10[a]	0.33±0.29[a]	0.21±0.24[a]	0.28±0.25[a]	0.18±0.21[a]
Hf	24.03±20.20[a]	4.43±5.37[b]	0.99±1.28[a]	0.93±1.23[a]	1.21±1.32[a]	1.43±1.98[a]
Ir	0.91±0.70[a]	0.10±0.20[b]	0.82±0.37[a]	0.79±0.34[a]	0.90±0.47[a]	0.66±0.29[a]
Ti	0.92±0.61[b]	1.63±1.01[a]	0.42±0.31[a]	1.52±1.29[a]	0.52±0.40[b]	1.60±1.13[a]

注：a,b 表示显著性差异；标*的元素含量单位为 mg/kg；标**的元素含量单位为 g/kg；其余元素含量单位均为 µg/kg。

由表 5 - 4 可知,经过方差分析和主成分分析得到与产地和土壤直接相关的共 23 个特征指标,分别为:Tb、Ir、Ti、Mg、K、V、Mn、Co、Cu、Rb、Sr、Pd、La、Pr、Nd、Sm、Eu、Gd、Dy、Er、Hf、As 和 Ru。

由表 5 - 5 可知,经过方差分析和主成分分析得到与产地直接相关的 3 个指标,分别为蛋白质、脂肪和可溶性总糖。

表 5 - 5　不同产地大豆品质差异分析

有机成分	2014 年度		2015 年度		2016 年度	
	嫩江	北安	嫩江	北安	嫩江	北安
蛋白质 / (g/100 g)	34.68 ± 1.31ᵃ	33.80 ± 1.97ᵃ	35.44 ± 1.71ᵃ	33.11 ± 1.82ᵇ	35.20 ± 1.57ᵃ	33.46 ± 1.92ᵇ
脂肪 / (g/100 g)	19.00 ± 0.65ᵃ	18.87 ± 1.14ᵃ	18.61 ± 0.91ᵃ	18.53 ± 1.10ᵃ	17.48 ± 3.50ᵇ	18.70 ± 1.12ᵃ
可溶性总糖 / (μg/mL)	32.90 ± 8.34ᵇ	39.06 ± 8.54ᵃ	34.20 ± 3.65ᵇ	50.74 ± 7.73ᵃ	34.70 ± 6.85ᵇ	44.78 ± 9.98ᵃ

注:a,b 表示显著性差异。

5.2.2　不同产地大豆样品有机成分辅助矿物元素含量的聚类分析

分析北安和嫩江两个产地 2015 年和 2016 年两年的共 112 个田间试验样品中矿物元素及有机成分的含量,采用系统聚类法(聚类方法为 Ward 连接法、度量标准为平方 Euclidean 距离、转换值为标准化 Z 得分),对北安和嫩江两个产地大豆样品中的 23 个矿物元素(Tb、Ir、Ti、Mg、K、V、Mn、Co、Cu、Rb、Sr、Pd、La、Pr、Nd、Sm、Eu、Gd、Dy、Er、Hf、As、Ru)及 3 个有机成分(蛋白质含量、脂肪含量、可溶性总糖)含量进行聚类分析,结果见图 5 - 1。

由图 5 - 1 可知,当聚类标准(距离)不同时,聚类结果不同。从聚类距离为 23 处切断树状图时,样品被分为 2 大类:第一类为嫩江样品,其中含有 13 个北安样品(45,46,47,48,49,50,51,52,60,63,100,105,110)归类错误;第二类为北安样品。因此北安有 1/6 的样品归类错误。虽然聚类过程中有个别样品出现归类错误,但大多数大豆样品产地的区分取得了较好的效果。

重新调整距离聚类合并

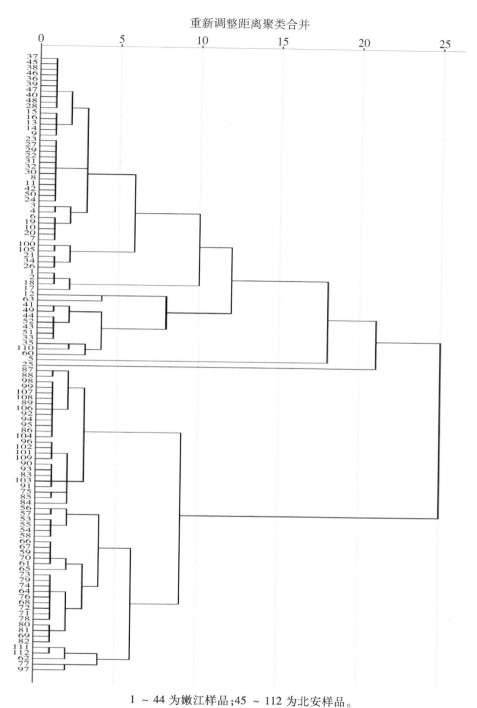

1 ～ 44 为嫩江样品;45 ～ 112 为北安样品。

图 5 - 1　使用 Ward 连接的树状图

5.2.3 不同产地大豆样品有机成分辅助矿物元素含量的判别分析

为了验证筛选的产地特征指标的溯源效果,将与产地直接相关的元素 Tb、Ir、Ti、Mg、K、V、Mn、Co、Cu、Rb、Sr、Pd、La、Pr、Nd、Sm、Eu、Gd、Dy、Er、Hf 和与土壤直接相关的元素 As、Ru、Gd、Tb,还有大豆中与产地直接相关的营养元素蛋白质、脂肪和可溶性总糖共 26 个溯源指标结合在一起建立 Fisher 判别模型。以 2015—2016 年试验田的北安和嫩江两个大豆产地 112 份样本作为训练集(2/3 的样本),以 2014 年随机采集的北安和嫩江两个大豆产地 56 个大豆样品作为验证集(1/3 的样本),用于验证建立的溯源模型的准确性,见表 5 - 6、表 5 - 7、表 5 - 8、表 5 - 9、表 5 - 10、表 5 - 11。

表 5 - 6　建立 Fisher 判别函数系数

特征指标	判别函数系数	
	产　地	
	嫩江	北安
Mn	0.000	0.001
As	4.325	3.336
Sr	− 0.003	− 0.003
La	− 2.986	− 2.616
Nd	0.755	0.356
Tb	− 0.167	− 0.147
Hf	0.808	0.645
蛋白质(X_1)	57.184	54.750
脂肪(X_2)	100.995	96.524
可溶性总糖(X_3)	0.445	0.614
常量	− 1 975.548	− 1 823.291

注:Fisher 的线性判别式函数。

表5-7　嫩江标准样本数据表

样品名称	55Mn[He]浓度[ppb]	75As[He]浓度[ppb]	88Sr[He]浓度[ppb]	139La[He]浓度[ppb]	146Nd[He]浓度[ppb]	159Tb[He]浓度[ppb]	178Hf[He]浓度[ppb]	X_1蛋白质/(g/100 g)	X_2脂肪/(g/100 g)	X_3可溶性总糖/(μg/mL)	$Y_{嫩江}$
NY11	25198.82543	10.95937479	8500.845256	4.408647192	4.821240447	0	28.12763438	36.3	18.6	24.00	2024.5179
NY2	29.2667565	0.011307142	8.186749187	0.002049661	0.001646534	0	0.016733359	35.9	18.2	23.77	1926.0772
NE1	28106.05169	10.5393718	12785.5948	3.924959546	3.223338763	62.31114222	14.52191801	34.9	19.1	33.22	1963.2283
NSA1	24111.71479	9.863596947	6889.221111	1.595418225	0.935196091	0	12.62497312	34.8	18.6	33.53	1936.0186
NSA2	24800.02566	9.889878819	13292.54684	1.77829684	1.226694309	0	10.7199016	32.7	20.5	31.44	1985.9310
NSI1	31269.20664	12.84869908	12608.65406	2.460670507	2.221485835	453.0297273	93.35504556	34.6	19.3	29.89	1977.3722
NW1	28857.92243	12.0937297	12249.64721	3.688442072	3.563057534	188.0982509	11.69786242	34.6	19.2	24.23	1938.1771
NL1	24852.13221	11.36318638	8382.950731	3.188854599	2.997599929	116.0813459	33.10626206	35.2	18.6	32.99	1954.6188
NQ1	25881.35809	11.07214756	12472.47172	2.863311242	2.929477164	79.99559113	11.02643924	37.1	18.5	22.37	2024.0222
NB1	30223.21698	12.20060869	12487.24783	3.593470467	2.438976887	0	38.28432709	34.2	19.8	46.56	2037.9160
均值											1976.7880

注：N－嫩江；1 ppb = 10^{-9}。

表5-8　北安标准样本数据表

样品名称	55Mn[He]浓度[ppb]	75As[He]浓度[ppb]	88Sr[He]浓度[ppb]	139La[He]浓度[ppb]	146Nd[He]浓度[ppb]	159Tb[He]浓度[ppb]	178Hf[He]浓度[ppb]	X_1蛋白质/(g/100 g)	X_2脂肪/(g/100 g)	X_3可溶性总糖/(μg/mL)	$Y_{北安}$
BXK1	30047.55452	12.27993552	12356.25023	1.951502595	2.181213474	357.958433	17.09310738	32.3	19.5	24.54	1843.5281
BHX1	25152.94445	11.48106476	5422.90012	0.68589233	0.819630385	268.4750062	14.18835804	35.6	18.7	36.79	1973.6829
BKQS1	27432.16994	12.07305218	9404.70298	2.488959327	2.701899813	400.7202855	8.992396728	32.4	19.5	39.89	1854.3696
BYLH1	29624.47964	16.25719776	8851.276016	1.568635805	1.949246738	363.2838608	1.228587205	36.6	17.5	35.63	1904.5861

续表

样品名称	55Mn[He] 浓度[ppb]	75As[He] 浓度[ppb]	88Sr[He] 浓度[ppb]	139La[He] 浓度[ppb]	146Nd[He] 浓度[ppb]	159Tb[He] 浓度[ppb]	178Hf[He] 浓度[ppb]	X_1蛋白质 /(g/100 g)	X_2脂肪 /(g/100 g)	X_3可溶性总糖 /(μg/mL)	$Y_{北安}$
BWS1	27508.37131	11.60563496	8021.172776	1.909864662	0.634157132	461.9412779	2.303784443	33.4	19	41.05	1839.2960
BIZ1	25514.94993	12.94394704	6677.567707	1.619846515	1.486561539	637.8680035	0.409493337	30.6	20.1	45.71	1780.6292
BZG1	25067.32969	14.76102624	7051.202045	1.558530017	1.387908275	528.7960659	0.660506722	31.5	20.1	46.02	1850.3166
BLM1	25971.43434	11.24655789	6651.690719	1.537785934	1.146748131	480.3202404	0.087193015	35.8	16.8	35.78	1756.5810
BEIS1	26222.92938	13.35417995	6217.66354	1.470379653	1.052286407	607.0428778	1.544048207	34	18.7	50.28	1840.8016
BJH1	31197.49459	11.37212421	6649.878441	2.283229961	2.399420344	584.9314668	1.541590446	33	16.8	29.74	1596.7950
均值											1824.0590

注:B—北安;1 ppb=10⁻⁹。

表5-9 待测样本数据表

样品名称	55Mn[He] 浓度[ppb]	75As[He] 浓度[ppb]	88Sr[He] 浓度[ppb]	139La[He] 浓度[ppb]	146Nd[He] 浓度[ppb]	159Tb[He] 浓度[ppb]	178Hf[He] 浓度[ppb]	X_1蛋白质 /(g/100 g)	X_2脂肪 /(g/100 g)	X_3可溶性总糖 /(μg/mL)	$Y_{样品}$	$Y_{样品}/\bar{Y}_{嫩江}$	$Y_{样品}/\bar{Y}_{北安}$
样品1 (嫩江)	34824.52578	7.337782976	10643.26214	1.446957077	0.729964612	0	0	31.4	19.2	58.8	1781.3360	0.9011	0.9766
样品1 (北安)	34824.52578	7.337782976	10643.26214	1.446957077	0.729964612	0	0	31.4	19.2	58.8	1813.4510	0.9174	0.9942
均值												0.909 3	0.985 4
样品2 (嫩江)	25906.68173	3.996028805	4776.770909	0.878437418	0.424819473	0	0	32.2	17.8	56.71	1689.3740	0.8546	0.9262
样品2 (北安)	25906.68173	3.996028805	4776.770909	0.878437418	0.424819473	0	0	32.2	17.8	56.71	1717.9150	0.8690	0.9418

续表

样品名称	55Mn[He] 浓度[ppb]	75As[He] 浓度[ppb]	88Sr[He] 浓度[ppb]	139La[He] 浓度[ppb]	146Nd[He] 浓度[ppb]	159Tb[He] 浓度[ppb]	178Hf[He] 浓度[ppb]	X_1蛋白质 /(g/100 g)	X_2脂肪 /(g/100 g)	X_3可溶性总糖 /(μg/mL)	$Y_{样品}$	$Y_{样品}/\bar{Y}_{嫩江}$	$Y_{样品}/\bar{Y}_{北安}$
样品3 (嫩江)	24391.24558	8.454582516	10472.50945	1.804872792	1.700749908	76.91872244	0	33.5	19.5	33.07		0.861 8	0.934 0
样品3 (北安)	24391.24558	8.454582516	10472.50945	1.804872792	1.700749908	76.91872244	0	33.5	19.5	33.07	1912.4320	0.9674	1.0484
均值											1929.3170	0.9760	1.0577
样品4 (嫩江)	24580.1798	4.786281222	10365.51139	0.906276602	0.706276589	0	0.76855915	34.6	18.7	38.34		0.971 7	1.053 1
样品4 (北安)	24580.1798	4.786281222	10365.51139	0.906276602	0.706276589	0	0.76855915	34.6	18.7	38.34	1896.7380	0.9595	1.0398
均值											1911.6630	0.9671	1.0480
均值												0.963 3	1.043 9

注:样品1~2为北安样品随机采集;3~4为嫩江样品随机采集;1 ppb=10^{-9}。

由表 5 - 6 可得到两产地的判别模型：

模型（1）

$$Y_{嫩江} = 0.000Mn + 4.325As - 0.003Sr - 2.986La + 0.755Nd - 0.167Tb +$$
$$0.808Hf + 57.184X_1 + 100.995X_2 + 0.445X_3 - 1\,975.548 \qquad (5-1)$$

模型（2）

$$Y_{北安} = 0.001Mn + 3.336As - 0.003Sr - 2.616La + 0.356Nd - 0.147Tb +$$
$$0.645Hf + 54.750X_1 + 96.524X_2 + 0.614X_3 - 1823.291 \qquad (5-2)$$

举例说明：表 5 - 7 和表 5 - 8 分别是北安和嫩江两个产地建立溯源模型的标准样本数据，每个地区分别取了 10 个标准样本，每个样本的数据所对应的 Y 值如表 5 - 7 和表 5 - 8。

表 5 - 9 是 2016 年在黑龙江两个大豆主产地新取的部分大豆样品，4 个大豆样品分别代入北安和嫩江两个产地的判别模型中，求出 Y 值。然后用样品对应求出的 Y 值除以嫩江和北安 Y 值的平均值，最终得到样品在两产地的相似度，结果如表 5 - 9。

由表 5 - 9 得到样品 1,2 所得到的 $Y_{样品}/\overline{Y}_{北安}$、$Y_{样品}/\overline{Y}_{嫩江}$，发现样品 1,2 的 $Y_{样品}$ 与 $\overline{Y}_{北安}$ 的比达到了 98.54% 和 93.40%，明显高于与 $\overline{Y}_{嫩江}$ 的比值（90.93%，86.18%），说明样品 1,2 与北安地区的相似度较高，属于北安地区的大豆样品。而样品 3,4 所得到的 $Y_{样品}/\overline{Y}_{北安}$、$Y_{样品}/\overline{Y}_{嫩江}$，发现样品 3,4 的 Y 值与 $\overline{Y}_{嫩江}$ 的比达到了 97.17% 和 96.33%，而 Y 值与 $\overline{Y}_{北安}$ 的比为 105.31% 和 104.39%，样品与北安平均值的比值超过了 100%，这是不可能的，说明样品所测的 Y 值已经不在北安地域范围内了，即该样品属于嫩江地区的大豆样品。这与实际采样是相符的，说明上述两个模型具有实际应用价值。

通过以上两个判别模型分析得到如下产地判别分类结果，结果如表 5 - 10 所示。

表 5 - 10　不同产地 Fisher 判别函数判别分类结果

分类结果[b,c]				预测组成员		合计
			产地	嫩江	北安	
训练集	初始	计数	嫩江	51	1	52
			北安	3	57	60
		占比/%	嫩江	98.1	1.9	100.0
			北安	5.0	95.0	100.0
	交叉验证[a]	计数	嫩江	51	1	52
			北安	6	54	60
		占比/%	嫩江	98.1	1.9	100.0
			北安	10.0	90.0	100.0

注：a. 仅对分析中的案例进行交叉验证。在交叉验证中，每个案例都是按照从该案例以外的所有其他案例派生的函数来分类的。

　　b. 已对初始分组案例中的 96.4% 的样本进行了正确分类。

c. 已对交叉验证分组案例中的 93.8% 的样本进行了正确分类。

由表 5 - 10 可知,对训练集产地的整体正确判别率为 96.4%;交叉验证结果显示,两个产地总体上已有 93.8% 的样品被正确识别,其中嫩江有 98.1% 的样品被正确识别,北安有 90.0% 的样品被正确识别。

表 5 - 11   验证不同产地 Fisher 判别函数判别分类结果

分类结果[b,c]				预测组成员		合计
			产地	嫩江	北安	
验证集	初始	计数	嫩江	26	0	26
			北安	1	29	30
		占比 /%	嫩江	100.0	0.0	100.0
			北安	3.3	96.7	100.0
	交叉验证[a]	计数	嫩江	25	1	26
			北安	3	27	30
		占比 /%	嫩江	96.2	3.8	100.0
			北安	10.0	90.0	100.0

注:a. 仅对分析中的案例进行交叉验证。在交叉验证中,每个案例都是按照从该案例以外的所有其他案例派生的函数来分类的。

b. 已对初始分组案例中的 98.2% 的样本进行了正确分类。

c. 已对交叉验证分组案例中的 92.9% 的样本进行了正确分类。

由表 5 - 11 可知,对验证集产地的整体正确判别率为 98.2%;交叉验证结果显示,两个产地总体上已有 92.9% 的样品被正确识别,其中嫩江有 96.2% 的样品被正确识别,北安有 90.0% 的样品被正确识别。

上述试验得到的模型式(5 - 1)和模型式(5 - 2)均是线性判别模型。由于经过线性判别分析降维后的数据在其空间中不一定是线性可分的,并且试验所用的数据是小样本数据,而支持向量机在解决小样本、非线性及高维模式识别中表现出许多特有的优势。基于上述分析,本书结合线性判别分析的维度规约和支持向量机进行大豆产地预测。支持向量机的最大特点是根据 Vapnik 的结构风险最小化原则,尽量提高学习的泛化能力,即由有限的训练集样本得到的小误差仍能够保证对独立的测试集小的误差。

1. 支持向量机的理论推导

假设某些给定的数据点分别属于两个类,目标是确定新数据点将归到哪个类中。对于支持向量机来说,数据点被视为 p 维向量,而我们想知道是否可以用 $p - 1$ 维超平面来分开这些点。这就是所谓的线性分类器。可能有许多超平面可以把数据分类。最佳超平面的一个合理选择是一个以最大间隔把两个类分开的超平面。因此,我们要选择能够让到每边最近的数据点的距离最大化的超平面。如果存在这样的超平面,则称为最大间隔超平面,而其定义的线性分类器被称为最大间隔分类器,或者叫作最佳稳定性感知器。

支持向量机的工作示意图如图5-2所示,可知,H_1不能把两类问题分开,H_2可以用很小的间隔把两类数据分开,而H_3则能以最大间隔把两类数据分开。

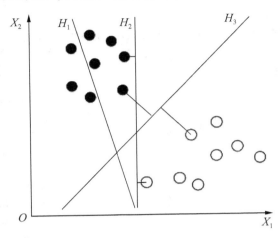

图5-2 支持向量机的工作示意图

我们考虑如下形式的n个点:

$$(\boldsymbol{x}_1, y_1), \cdots, (\boldsymbol{x}_n, y_n) \tag{5-3}$$

其中y_i是1或者-1,表明的是数据$\boldsymbol{x}_i$所属的类别,而$\boldsymbol{x}_i$是一个p维的向量。我们要求的是将$y=1$与$y=-1$的点集分开的最大间隔超平面,使得超平面与最近的点$\boldsymbol{x}_i$之间的距离最大化,任何超平面都可以写作满足下面方程的点集$\boldsymbol{x}$:

$$\boldsymbol{w} \cdot \boldsymbol{x} - b = 0 \tag{5-4}$$

如果这些训练数据是线性可分的,可以选择分离两类数据的两个平行超平面,使得两者之间的距离尽可能大。在这两个超平面范围内的区域称为间隔,最大间隔超平面是位于两者正中间的超平面。这些超平面可以由方程族

$$\boldsymbol{w} \cdot \boldsymbol{x} - b = 1 \tag{5-5}$$

或是

$$\boldsymbol{w} \cdot \boldsymbol{x} - b = -1 \tag{5-6}$$

来表示。这两个超平面之间的距离为$\dfrac{2}{\|\boldsymbol{w}\|}$,因此要使两平面间的距离最大,需要最小化$\|\boldsymbol{w}\|$,同时为了使得样本数据点都在超平面的间隔区以外,需要保证对于所有的i满足其中的一个约束条件:

$$\boldsymbol{w} \cdot \boldsymbol{x} - b \geqslant 1 \quad y_i = 1 \tag{5-7}$$

或者

$$\boldsymbol{w} \cdot \boldsymbol{x} - b \leqslant -1 \quad y_i = -1 \tag{5-8}$$

这些约束表明每个数据点都必须位于间隔的正确一侧。

式(5-7)、式(5-8)可以写作

$$y_i(\boldsymbol{w} \cdot \boldsymbol{x}_i - b) \geqslant 1 \tag{5-9}$$

可以用这个式子来得到优化问题：

在 $y_i(\boldsymbol{w} \cdot \boldsymbol{x}_i - b) \geqslant 1$ 条件下，最小化 $\|\boldsymbol{w}\|$，对于 $i = 1, 2, \cdots, n$，这个问题的解 $\boldsymbol{w}$、b 决定了分类器 $\boldsymbol{x} \mapsto \mathrm{sgn}(\boldsymbol{w} \cdot \boldsymbol{x} - b)$。

此几何描述的一个显而易见却重要的结果，即最大间隔超平面完全是由最靠近其的 $\boldsymbol{x}_i$ 确定的，这些 $\boldsymbol{x}_i$ 叫作支持向量。

为了将支持向量机扩展到数据线性不可分的情况，引入铰链损失函数：

$$\max(0, 1 - y_i(\boldsymbol{w} \cdot \boldsymbol{x}_i - b)) \tag{5-10}$$

当约束条件式（5-9）满足时此函数，对于间隔的错误一侧的数据，该函数的值与距间隔的距离成正比。然后我们希望最小化式（5-11）：

$$\left[\frac{1}{n}\sum_{i=1}^{n}\max(0, 1 - y_i(\boldsymbol{w} \cdot \boldsymbol{x}_i - b))\right] + \lambda\|\boldsymbol{w}\|^2 \tag{5-11}$$

其中参数 λ 用来权衡增加间隔大小与确保 $\boldsymbol{x}_i$ 位于间隔的正确一侧之间的关系。因此，对于足够小的 λ 值，如果输入数据是可以线性分类的，则软间隔支持向量机与硬间隔支持向量机将表现相同，但即使不可线性分类，仍能学习出可行的分类规则。

计算（软间隔）支持向量机分类器等同于使式（5-11）最小化。

如上所述，由于我们关注的是软间隔分类器，λ 选择足够小的值就能得到线性可分类输入数据的硬间隔分类器。下面会详细介绍将式（5-11）简化为二次规划问题的经典方法。

最小化式（5-11）可以用下面的方式将其改写为目标函数可微的约束优化问题。对所有 $i \in 1, 2, \cdots, n$ 引入变量 $\zeta_i = \max(0, 1 - y_i(\boldsymbol{w} \cdot \boldsymbol{x}_i + b))$。注意到 ζ_i 是满足 $y_i(\boldsymbol{w} \cdot \boldsymbol{x}_i + b) \geqslant 1 - \zeta_i$ 的最小非负数。

因此，可以将优化问题叙述如下：

$$\mathrm{minimize}\ \frac{1}{n}\sum_{i=1}^{n}\zeta_i + \lambda\|\boldsymbol{w}\|^2 \tag{5-12}$$

$$\mathrm{s.t.}\ y_i(\boldsymbol{w} \cdot \boldsymbol{x}_i + b) \geqslant 1 - \zeta_i\ 且\ \zeta_i \geqslant 0 \tag{5-13}$$

通过求解上述问题的拉格朗日对偶，得到如下简化的对偶问题：

$$\mathrm{maximize}\ f(c_1, \cdots, c_n) = \sum_{i=1}^{n}c_i - \frac{1}{2}\sum_{i=1}^{n}\sum_{j=1}^{n}y_i c_i(x_i \cdot x_j)y_j c_j \tag{5-14}$$

$$\mathrm{s.t.}\ \sum_{i=1}^{n}c_i y_i = 0\ 且\ 0 \leqslant c_i \leqslant \frac{1}{2n\lambda} \tag{5-15}$$

由于对偶最小化问题是受线性约束 c_i 的二次函数，所以它可以通过二次规划算法高效地解出。这里，变量 c_i 定义满足：

$$\boldsymbol{w} = \sum_{i=1}^{n}c_i y_i \boldsymbol{x} \tag{5-16}$$

此外，当 $\boldsymbol{x}_i$ 恰好在间隔的正确一侧，这时 $c_i = 0$，且当 $\boldsymbol{x}_i$ 位于间隔的边界时，$0 < c_i < \frac{1}{2n\lambda}$。因此，$\boldsymbol{w}$ 可以写为支持向量的线性组合。

可以通过在间隔的边界上找到一个 $\boldsymbol{x}_i$ 并求解

$$y_i(\boldsymbol{w} \cdot \boldsymbol{x}_i + b) = 1 \Leftrightarrow b = y_i - \boldsymbol{w} \cdot \boldsymbol{x}_i \tag{5-17}$$

即最终得到了偏移量 b。

求解非线性情况下的支持向量机，可以借助于核函数的方法。

假设需要学习与变换后数据点 $\varphi(\boldsymbol{x}_i)$ 的线性分类规则对应的非线性分类规则。假设存在一个满足 $k(\boldsymbol{x}_i, \boldsymbol{x}_j) = \varphi(\boldsymbol{x}_i) \cdot \varphi(\boldsymbol{x}_j)$ 的核函数 k。

我们知道变换空间中的分类向量 $\boldsymbol{w}$ 满足

$$\boldsymbol{w} = \sum_{i=1}^{n} c_i y_i \varphi(\boldsymbol{x}_i) \tag{5-18}$$

其中 c_i 可以通过求解优化问题得到,即

$$\text{maximize} f(c_1, \cdots, c_n) = \sum_{i=1}^{n} c_i - \frac{1}{2} \sum_{i=1}^{n} \sum_{j=1}^{n} y_i c_i (\varphi(\boldsymbol{x}_i) \cdot \varphi(\boldsymbol{x}_j)) y_j c_j$$

$$= \sum_{i=1}^{n} c_i - \frac{1}{2} \sum_{i=1}^{n} \sum_{j=1}^{n} y_i c_i k(\boldsymbol{x}_i, \boldsymbol{x}_j) y_j c_j \tag{5-19}$$

其中约束条件为

$$\sum_{i=1}^{n} c_i y_i = 0 \text{ 且 } 0 \leqslant c_i \leqslant \frac{1}{2n\lambda} \tag{5-20}$$

与前面一样,可以使用二次规划来求解系数:

$$b = \boldsymbol{w} \cdot \varphi(\boldsymbol{x}_i) - y_i = \left[\sum_{k=1}^{n} c_k y_k \varphi(\boldsymbol{x}_k) \cdot \varphi(\boldsymbol{x}_i) \right] - y_i$$

$$= \left[\sum_{k=1}^{n} c_k y_k k(\boldsymbol{x}_k, \boldsymbol{x}_i) \right] - y_i \tag{5-21}$$

最后,可以通过计算下式来分类新点:

$$z \mapsto \text{sgn}(\boldsymbol{w} \cdot \varphi(z) + b) = \text{sgn}\left(\left[\sum_{i=1}^{n} c_i y_i k(\boldsymbol{x}_i, z) \right] + b \right) \tag{5-22}$$

2. 支持向量机实验过程

(1) 数据预处理

为了消除量纲不同对处理结果的影响,在做 SVM 之前,使用数据标准化方法对原始数据进行处理。

处理方法如下:

$$Z_i = \frac{x_i - \bar{x}}{s} \tag{5-23}$$

式中　　s——第 i 列的标准差;

　　　　$\bar{x}$——第 i 列的平均值。

经预处理之后的数据每列均值为 0,方差为 1。

(2) 支持向量机参数寻优

本书支持向量机的核函数采用径向基核函数,因此需要寻优的参数有两个,分别是核函数中的 gamma 和惩罚系数 cost。常用的方法就是让 cost 和 gamma 在一定的范围内取值,对于取定的 cost 和 gamma 把训练集作为原始数据集利用 K – CV 方法得到在此组 cost 和 gamma 下训练集验证分类准确率,最终取使得训练集验证分类准确率最高的那组 cost 和 gamma 作为最佳的参数。但有一个问题就是可能会有多组的 cost 和 gamma 对应于最高的验证分类准确率,这种情况怎么处理?这里采用的手段是选取能够达到最高验证分类准确率参数 cost 最小的那组 cost 和 gamma 作为最佳的参数,如果对应最小的 cost 有多组 gamma,就选取搜索到的第一组 cost 和 gamma 作为最佳的参数。这样做的理由是,过高的 cost 会导致过学习状态发生,即训练集分类准确率很高而测试集分类准确率很低(分类器的泛化能力降

低），所以在能够达到最高验证分类准确率中的所有的成对的 $cost$ 和 $gamma$ 中认为较小的惩罚参数 $cost$ 是更佳的选择对象。本书中采用 $5-CV$，$cost$ 和 $gamma$ 的寻优范围分别是 $[1,10]$ 和 $[0.1,2]$。最终寻优的结果 $cost=2$，$gamma=0.1$。$5-CV$ 下优化前与优化后训练效率的比较如表 $5-12$ 所示。

表 5 - 12　5 - CV 下优化前与优化后训练效率的比较

参　　数	支持向量机准确率百分比 /%	5 - CV 准确率百分比 /%
$cost=1$, $gamma=0.1$	75.012	74.214
$cost=1$, $gamma=0.5$	76.215	77.365
$cost=1$, $gamma=1.0$	78.684	76.246
$cost=1$, $gamma=1.5$	81.268	84.986
$cost=1$, $gamma=2.0$	87.856	92.634
$cost=2$, $gamma=0.1$	89.251	94.643
$cost=2$, $gamma=0.5$	91.248	90.269
$cost=2$, $gamma=1.5$	83.569	86.387
$cost=2$, $gamma=2.0$	86.567	85.384
$cost=3$, $gamma=0.1$	87.634	88.236
$cost=3$, $gamma=0.5$	82.587	81.356
$cost=3$, $gamma=1.0$	87.652	86.367
$cost=3$, $gamma=1.5$	81.568	86.345
$cost=3$, $gamma=2.0$	80.587	81.354
$cost=4$, $gamma=0.1$	76.387	80.028
$cost=4$, $gamma=0.5$	79.687	80.398
$cost=4$, $gamma=1.0$	78.386	83.568
$cost=4$, $gamma=1.5$	80.698	82.397
$cost=4$, $gamma=2.0$	82.387	81.579
$cost=5$, $gamma=0.1$	86.487	84.672
$cost=5$, $gamma=0.5$	85.674	84.347
$cost=5$, $gamma=1.0$	84.624	86.387
$cost=5$, $gamma=1.5$	82.387	80.679
$cost=5$, $gamma=2.0$	81.673	86.378
$cost=6$, $gamma=0.1$	83.359	84.583
$cost=6$, $gamma=0.5$	87.563	86.347
$cost=6$, $gamma=1.0$	83.387	86.587
$cost=6$, $gamma=1.5$	86.268	81.384
$cost=6$, $gamma=2.0$	84.387	83.262
$cost=7$, $gamma=0.1$	87.298	84.387

参　　数	支持向量机准确率百分比 /%	5 - CV 准确率百分比 /%
$cost = 7, gamma = 0.5$	85.638	83.339
$cost = 7, gamma = 1.0$	86.376	87.675
$cost = 7, gamma = 1.5$	84.875	86.967
$cost = 7, gamma = 2.0$	86.278	89.322
$cost = 8, gamma = 0.1$	83.631	86.567
$cost = 8, gamma = 0.5$	84.369	83.217
$cost = 8, gamma = 1.0$	83.453	86.371
$cost = 8, gamma = 1.5$	85.427	83.374
$cost = 9, gamma = 0.1$	87.681	87.997
$cost = 9, gamma = 0.5$	85.386	88.337
$cost = 9, gamma = 1.0$	81.254	86.368
$cost = 9, gamma = 1.5$	87.684	88.217
$cost = 9, gamma = 2.0$	89.421	86.572
$cost = 10, gamma = 0.1$	79.634	82.318
$cost = 10, gamma = 0.5$	86.634	87.337
$cost = 10, gamma = 1.0$	85.357	86.773
$cost = 10, gamma = 1.5$	86.387	87.687
$cost = 10, gamma = 2.0$	88.477	88.681

（3）训练模型

采用第二步寻优的参数训练 2015 年、2016 年合在一起的数据,最终得到一个分类模型。

（4）预测

利用上述得到的分类模型对 2014 年的数据进行预测,得到的准确率为 94.6%。

上述结果说明,利用该方法对于大豆产地的判别率高于线性判别模型的大豆产地判别率(92.9%)。

本章中提出的方法能够比较明显地提高分类器的泛化能力,并能够提高大豆产地溯源的判别率,从而给优质优价的黑龙江省大豆产地溯源提供一种新的理论分析方法,对大豆的生产实践具有重要意义。

5.3　本章小结

采集 2014—2016 年北安和嫩江两个大豆产地共 168 份样本,对筛选的与产地和土壤直接相关的元素以及大豆中与产地直接相关的特征营养元素进行验证。结果表明:

（1）采用步进式方法逐步进入模型的共 10 种特征指标建立的判别模型对训练集大豆产地的整体正确判别率为 96.4%,其中对嫩江、北安大豆产地的正确判别率分别为 98.1%,

95.0%；该模型的交叉验证结果显示，嫩江和北安有 93.8% 的样品被正确识别，其中嫩江有98.1% 的样品被正确识别，北安有 90.0% 的样品被正确识别。

（2）回代检验对验证集大豆产地的整体正确判别率为 98.2%，其中对嫩江、北安大豆产地的正确判别率分别为 100.0% , 96.7%；该模型的交叉验证结果显示，嫩江和北安有92.9% 的样品被正确识别，其中嫩江有 96.2% 的样品被正确识别，北安有 90.0% 的样品被正确识别。

（3）验证集中对嫩江、北安大豆产地的正确判别率的判别结果略高于 26 种特征指标的判别结果，说明这 7 种矿物元素和 3 种有机成分是用于大豆产地判别的主要特征指标，携带了充分的产地判别信息。

（4）本章结合线性判别分析的维度规约和支持向量机进行大豆产地进行预测，得到的准确率为 94.6%。优于线性判别模型的 92.9%。说明结合线性判别分析的维度规约和支持向量机的大豆产地预测方法有效，能够提高分类器的泛化能力。

6 大豆产地判别系统的构建

目前我国对大豆产地溯源的研究还处于刚刚起步阶段,而黑龙江省是我国大豆的重要生产基地。黑龙江省的大豆因产自土壤肥沃、质地优良的黑土地,且全部为非转基因种质,因此在豆制品加工业和国内市场上占有重要地位。黑龙江省大豆产地溯源还尚未系统开展,黑龙江省作为最后一块"非转基因"大豆的净土,构建其品牌及溯源系统是非常必要的。近年来,在农产品产地溯源方面主要应用的技术包括有机成分指纹分析技术、矿物元素指纹图谱技术、脂肪酸指纹分析技术、稳定性同位素分析技术和电子鼻溯源技术等。由于矿物元素在农产品中具有特异性和唯一性,而大豆中的有机成分含量也随着产地的不同有显著差异,大豆中矿物元素和有机成分都具有稳定的判别特点,可广泛用于大豆及其他农产品产地溯源中。因此本书采用的方法为有机成分和矿物元素相结合方法,适用于统一耕整地、播种施肥、田间管理和收获环节全程机械化作业的大豆产地溯源分析。

本章构建的系统首先对原始数据进行组织,对其进行主成分分析及特征选择,得到在产地判别中,各产地大豆中起着主要作用的有机成分及微量元素;在此基础上,对不同产地的大豆进行聚类分析并构建大豆产地判别模型,再根据溯源模型判别待判定数据的产地。

6.1 系统总体设计

6.1.1 角色功能设计

根据系统使用性质,本系统将用户角色分为两类,分别是管理员与普通用户。

1.管理员

管理员登录进入网站后台,负责如下工作:

①对系统用户及普通用户进行管理;

②数据库的建立与维护,即对数据库进行增加、删除、修改和查询等操作,同时批量导入新数据;

③对数据进行分析与处理,提取主成分,即采用主成分分析等方法进行数据降维,并保持降维后数据的有效性;

④对降维后的数据利用中心距离判别法、fisher 判别分析法等方法构建产地判别模型,并随着数据的增加,修正判别模型;

⑤统计并分析判别准确率。

2.普通用户

普通用户可以分别使用是用户名、手机号码或邮箱进行登录。在网页中指定位置按指定格式输入新的待判别数据,也可以批量导入数据;数据经后台处理后,由网页中显示产地判别结果。

6.1.2　功能模块设计

为使系统达到低耦合及高内聚的效果,根据前述角色功能设计,将系统的总体功能进行了划分,如图6-1所示。

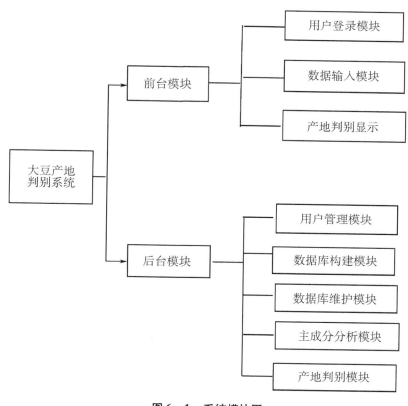

图6-1　系统模块图

6.2　数据库分析与设计

6.2.1　数据库介绍

数据库是长期储存在计算机内、有组织的、可共享的大量数据的集合。数据库中的数据按一定的数据模型组织、描述和存储,具有较小的冗余度、较高的数据独立性和易扩展性,并可为各种用户共享。本系统的数据量并不是很大,但随着后期模型不断修改,元素特征值的不断变化,系统的易扩展性显得尤为重要。

为方便数据的进一步增加及维护,本系统采用 Sql Server 2008 作为后台数据库平台。

6.2.2 用户权限设计

为方便系统维护及管理,系统对用户角色进行了定义和权限设定。系统管理员可以管理普通用户,普通用户可以通过用户名、手机及邮箱登录系统,不提供用户注册功能,普通用户可以维护自己的信息。共设计系统用户管理表 4 张,分别是 SysRoleSysUser、SysUerConfig、SysRole 及 SysUser。表结构及关系如图 6-2 所示。

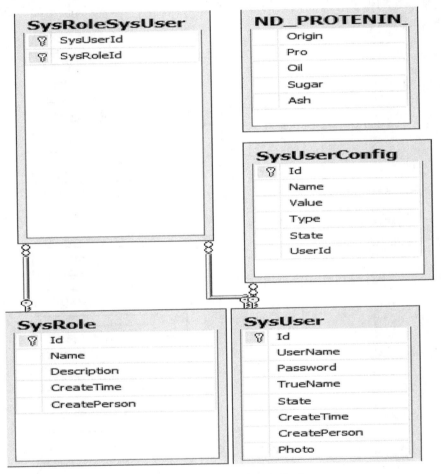

图 6-2　用户权限表之间关系

6.2.3 大豆有机成分及微量元素含量数据表设计

为实现大豆产地信息的比较,需要将不同产地、不同品种的大豆有机质及微量元素含量数据存储到数据库中,以方便后续处理,见表 6-1、表 6-2。

表 6 - 1　大豆样品有机成分含量表

样品名称	X_1（蛋白质）/（g/100 g）	X_2（脂肪）/（g/100 g）	X_3（可溶性总糖）/（μg/mL）
NY11	36.3	18.6	24.00
NY12	35.8	18.5	22.22
NY2	35.9	18.2	23.77
NE1	34.9	19.1	33.22
NE2	34.2	19.6	24.16
BLM1	35.8	16.8	35.78
BLM2	31.2	19.3	32.99
BLM3	36.0	17.8	33.46
BHX1	35.6	18.7	36.79
BHX2	37.5	17.0	40.67

注：N - 嫩江；B - 北安。

　　表中，NY11 表示嫩江地域一场中大豆样品，该大豆样品的名称是有机黑河 43、NE1 表示嫩江地域二场中大豆样品，该大豆样品的名称是黑河 45；BLM1 表示北安地域龙门农场中大豆样品，该大豆样品的名称是北汇豆 1 号、BHX1 表示北安地域红星农场中大豆样品，该大豆样品的名称是克山 1 号。由表 6 - 1 可知，不同产地不同样品中含有的蛋白质、脂肪和可溶性总糖的含量均不相同，这是有机成分可作为农产品产地溯源的依据。

表 6 - 2　大豆样品 ICP - MS 数据表

样品名称	55Mn［He］浓度［ppb］	139La［He］浓度［ppb］	159Tb［He］浓度［ppb］	146Nd［He］浓度［ppb］	178Hf［He］浓度［ppb］	88Sr［He］浓度［ppb］	75As［He］浓度［ppb］
NY11	25198.82543	4.408647192	0.00000000	4.821240447	28.12763438	8500.845256	10.95937479
NY12	28990.62833	2.220660656	0.00000000	1.873851443	11.65955051	8571.217298	10.18429948
NY2	29.2667565	0.002049661	0.00000000	0.001646534	0.016733359	8.186749187	0.011307142
NE1	28106.05169	3.924959546	62.31114222	3.223338763	14.52191801	12785.5948	10.53933718
NE2	29953.31497	1.667642904	0.00000000	2.031157502	14.12211537	16721.31141	9.3106815
BLM1	25971.43434	1.537785934	480.3202404	1.146748131	0.087193015	6651.690719	11.24655789
BLM2	31764.38066	1.84433124	434.9129213	1.204377376	0.107314347	11049.10111	12.50929137
BLM3	27358.75485	1.394209666	595.8509014	0.913774845	2.692725175	7201.20284	9.771211527
BHX1	25152.94445	0.68589233	268.4750062	0.819630385	14.18835804	5422.90012	11.48106476
BHX2	21680.07179	0.449794938	375.1854925	0.024873511	8.862128291	5594.60942	10.45325891

注：N - 嫩江；B - 北安；1 ppb = 10^{-9}。

　　由表 6 - 2 可知，不同产地不同样品中含有的 7 种矿物元素（Mn、La、Tb、Nd、Hf、Sr、As）的含量均不相同，这是因为农产品中矿物元素是生物体的基本组成成分，自身是不能合成的,需通过从外界环境中摄取得到,而不同地域土壤中矿物物元素含量和组成主要受当地的土壤成分、水质和地质等环境因素影响。因此,由于产地不同,生物体矿物元素指纹特征也均不相同。这是矿物元素可作为农产品产地溯源的依据。

为方便模型的可扩充性,建立属性特征图如图6-3所示,虽然模型只使用其中10个参数值作为约简后的主要特征,但在数据中建立了更多的元素含量值。

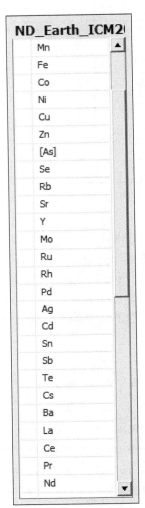

图6-3 大豆矿物元素特征图

6.3 产地判别算法

根据大豆有机质及微量元素含量进行产地判别时,由于有机质及微量元素种类多,在区分不同产地过程中,每一种微量元素所起的作用不尽相同,因此在判别过程中,要约简掉一些起次要作用或者无作用的元素,只保留起主要作用的有机质或微量元素作为特征元素。然后再根据约简得到的特征指标构建判别模型并进行产地判别。产地判别的流程如

图 6 – 4 所示。

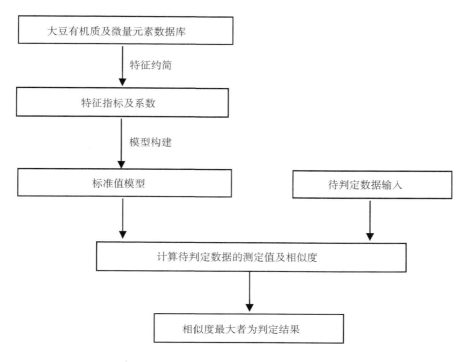

图 6 – 4　产地判别流程图

6.3.1　特征约简

主成分分析也叫主分量分析法,是一种经典的线性降维方法。数据降维,指的是维数约简,是将原始高维特征空间里的点向一个低维空间投影,新的空间维度低于原特征空间,所以维数减少了,特征发生了根本性的变化,原始的特征消失了,新的特征与原始特征的表现形式完全不同。

PCA 算法原理简单、容易实现,在假设样本数据之间关系是线性的前提下使用。PCA 算法在模式识别与机器学习中常被用作维数约减和特征提取。它的主要思想是通过线性变换寻找一组最优的单位正交向量基,并用它们的线性组合来重构原样本,以使重建后的样本和原样本的误差最小。

PCA 算法的基本步骤:

a. 对输入矩阵 $\boldsymbol{X} = (x_1, x_2, \cdots, x_n \in \mathbf{R}^n)$ 进行中心化,即计算 $\bar{\boldsymbol{x}} = \boldsymbol{X}\left(\boldsymbol{I} - \dfrac{1}{n}\boldsymbol{e}\boldsymbol{e}^{\mathrm{T}}\right)$。

b. 对 $\overline{\boldsymbol{X}\boldsymbol{X}^{\mathrm{T}}}$ 进行特征值分解,即求解 $\overline{\boldsymbol{X}\boldsymbol{X}^{\mathrm{T}}} = \boldsymbol{U}\boldsymbol{\Lambda}\boldsymbol{U}^{\mathrm{T}}$。其中 $\boldsymbol{U}$ 是正交矩阵,$\boldsymbol{\Lambda}$ 是对角矩阵且满足 $\lambda_1 \geqslant \lambda_2 \geqslant \cdots \geqslant \lambda_m$。

c. 计算 $\boldsymbol{Y} = \boldsymbol{U}_d^{\mathrm{T}}\bar{\boldsymbol{x}}$,其中 $\boldsymbol{U}_d$ 是由 $\boldsymbol{U}$ 的前 d 列组成的矩阵。

d. 返回 $\boldsymbol{Y}$。

一个简单而经常使用的表示流形学习的例子就是一个嵌入在三维空间中的二维流形 swiss roll。如图 6 – 5 所示,是用 PCA 算法降维得到的二维嵌入流形。

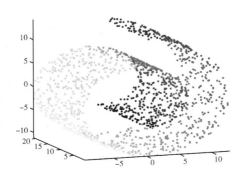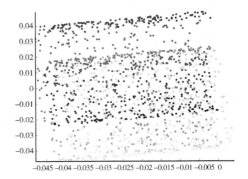

图 6-5　swiss roll(左)和 PCA 算法的处理结果(右)

主成分分析是一种思想直观,易于计算的线性降维算法,对符合线性结构或高斯分布的数据集有很好的降维效果,同时算法对数据中存在的噪声不敏感,因此已成功应用于很多问题中。

特征选择是从 n 个特征中选择 $d(d < n)$ 个出来,而将其他的 $n-d$ 个特征舍弃。所以,新的特征只是原来特征的一个子集。没有被舍弃的 d 个特征没有发生任何变化。

本方法综合数据降维与特征选择两种方法的优势,用 PCA 方法进行主成分分析,然后提取出相应的主要特征指标。主要特征及系数表如表 6-3 所示(其中共包含 7 个 ICP-MS 特征指标和 3 个有机质特征指标)。

表 6-3　特征指标及系数表

特征指标	系　数	
	产　地	
	嫩江	北安
Mn	0.000	0.001
As	4.325	3.336
Sr	-0.003	-0.003
La	-2.986	-2.616
Nd	0.755	0.356
Tb	-0.167	-0.147
Hf	0.808	0.645
蛋白质(X_1)	57.184	54.750
脂肪(X_2)	100.995	96.524
可溶性总糖(X_3)	0.445	0.614
常量	-1 975.548	-1 823.291

由表 6-3 得到该数据库中产地标准值模型如下:

$$Y_{嫩江} = 0.000\text{Mn} + 4.325\text{As} - 0.003\text{Sr} - 2.986\text{La} + 0.755\text{Nd} - 0.167\text{Tb} +$$
$$0.808\text{Hf} + 57.184X_1 + 100.995X_2 + 0.445X_3 - 1\,975.548 \qquad (6-1)$$

$$Y_{北安} = 0.001\text{Mn} + 3.336\text{As} - 0.003\text{Sr} - 2.616\text{La} + 0.356\text{Nd} - 0.147\text{Tb} +$$
$$0.645\text{Hf} + 54.750X_1 + 96.524X_2 + 0.614X_3 - 1\,823.291 \qquad (6-2)$$

6.3.2　产地判别

当完成特征约简后,分别根据上述两个产地判别模型,计算每个产地中所有数据在该模型下的测定值,并计算这些测定值的均值作为该产地的标准值。从而分别得到了 $C_{嫩江}$ 与 $C_{北安}$ 两个标准值。

当待判定数据输入后,根据上述两个判别模型,分别计算对应的测定值,将该测定值与 $C_{嫩江}$ 与 $C_{北安}$ 两个标准值进行对比,得到新品种与已有标准值的相似程度,然后将比对值进行排序,认定相似度最大的为新品种的产地种类。其算法流程描述如下:

输入新品种数据
For $i = 1$ To 已有类型数量
　　计算模型值
　　将值存入数组 A
Endfor
For $i = 1$ To 已有类型数量
　　提取数据库第 i 个标准值
　　数组元素 $A[i]$ 与标准值的相似度值存入数组 B
Endfor
数组 B 进行排序,取出最大值
根据排序结果生成图表

6.4　大豆产地机器学习判断方法

随着计算机技术的日益发展,人工智能时代逐渐来临,计算机技术已经与多个学科领域交流渗透,在机器视觉等领域取得了突出的成就。而机器学习方法作为人工智能领域核心的方法,机器学习理论主要是设计和分析一些计算机可以自动"学习"的算法。机器学习算法可以从一类的数据中自动的获取规律,并利用规律对未知的数据进行处理。

如前文分析,不同产地不同样品中的矿物元素的含量是不同的,而这些元素是大豆自身不能合成的,这些元素可以作为产地的特征,我们通过收集大量不同产地的样本得到丰富的大豆样本数据,而具有显著特征的数据通常可以通过分类算法进行求解。分类算法的目标是根据已知样本的一些特征,判断一个新的样本属于哪种已知的类别。分类问题又称为监督式学习,即根据已知的训练集提供的数据样本,计算选择特征参数,建立判别函数对样本进行分类。

由于经过线性判别分析降维的数据在其空间中不一定是线性可分的,并且我们的数据是小样本数据,而支持向量机在解决小样本、非线性及高维的数据时具有很好的效果。基于上述发分析。本书中采用支持向量机方法作为大豆产地预测的机器学习算法。

在第 2 章和第 5 章中我们曾对支持向量机的理论基础,公式推导、优缺点以及具体的试验任务中参数的选择和选优进行了说明介绍,本章中将讨论支持向量机在工程任务中的具体实践。

本章中使用 Python 编程进行支持向量机的实现,Python 是一门强大的高级语言,在机器学习和深度学习领域是当前主流的编程语言,由于该语言是一门开源的语言,有众多的开发者进行维护,使得该语言有广泛的资源。同时 Python 设计非常好,快速,坚固,可移植,可扩展。很明显这些对于人工智能应用来说都是非常重要的因素。该语言无论在人工智能算法的开发、应用的开发、网站的搭建还是 shell 脚本编写方面,均有显著的优势。

借助 Python 强大的优势,本文使用由谷歌公司开发并维护的,在机器学习领域广泛使用的算法包 scikit – learn,也称为 sklearn,是基于 Python 的机器学习库,可以便捷高效地应用机器人学习算法,包括分类、回归、聚类、降维、模型选择和预处理等数据挖掘的相关算法。本章中的机器学习模块在该算法库的基础上对该算法库进行了进一步的封装,以便进行调用。该模块的工作流程可以分为四步。

(1)数据预处理

为了消除量纲不同对处理结果的影响,在做支持向量机之前,使用数据标准化方法对原始数据进行处理。处理方法如前述。经预处理之后的数据每列均值为 0,方差为 1。

(2)支持向量机参数寻优

本书支持向量机的核函数采用径向基核函数,因此需要寻优的参数有两个,分别是核函数中的 $gamma$ 和惩罚系数 $cost$。根据第 5 章中的实验情况,$cost$ 和 $gamma$ 的寻优范围分别是 $[1,10]$ 和 $[0.1,2]$。最终寻优的结果 $cost=2$,$gamma=0.1$。

(3)训练模型

在机器学习模块的输入界面,输入训练数据和测试数据,对模型进行训练得到一个分类模型。

(4)结果预测

对第三步中输入的测试数据进行产地的标签预测,在系统的机器学习模块输出结果界面进行展示。

使用 2015 年和 2016 年的样本数据作为训练集。经过训练得到分类模型,在 2014 年的数据上做预测,其准确率为 94.6%,其准确率优于线性判别模型的 90%。从而给优质优价的黑龙江省大豆产地溯源提供一种新的理论分析方法,对大豆的生产实践具有重要意义。

6.5 前台及用户界面设计

6.5.1 编程语言选择及架构设计

为使用户能够方便地访问本系统,系统开发采用了 B/S 结构,用户通过浏览器即可访问本系统。系统使用 Visual Studio 2010 作为编程平台,Visual Studio 2010 是微软提供的开发平台,可以用来开发企业级的 Web 应用程序,具有良好的可视化编程框架,拥有功能强大的类库,为编程人员节省了大量的时间。编程语言使用 C#,C#是一种精确、简单、类型安全、面向对象的语言,它使企业程序员得以构建广泛的应用程序。它凭借对集成现有代码提供完全的 COM 平台支持、通过提供垃圾回收和类型安全实现可靠性、通过提供内部代码信任机制保证安全性以及安全支持可扩展原数据概念等功能为开发人员提供生成持久系统级组件的能力。并且 C#继承了 C 和 C++的优点,同时具有简单易学和快速开发等优点。

为使系统具有更良好的扩展性和安全性,本系统使用了 MVC 架构中的 EF 架构。MVC 全名是 Model View Controller,是模型(model) – 视图(view) – 控制器(controller)的缩写,其结构示意图如图 6 – 6 所示。MVC 是一种软件设计典范,用一种业务逻辑、数据、界面显示分离的方法组织代码,将业务逻辑聚集到一个部件里面,在改进和个性化定制界面及用户交互的同时,不需要重新编写业务逻辑。MVC 被独特地发展起来用于映射传统的输入、处理和输出功能在一个逻辑的图形化用户界面的结构中。其具有以下优点:

　　首先,最重要的一点是多个视图能共享一个模型。同一个模型可以被不同的视图重用,大大提高了代码的可重用性。

　　由于 MVC 的 3 个模块相互独立,改变其中一个不会影响其他两个,所以依据这种设计思想能构造良好的松耦合的构件。

　　此外,控制器提高了应用程序的灵活性和可配置性。控制器可以用来连接不同的模型和视图以完成用户的需求,这样控制器可以为构造应用程序提供强有力的手段。

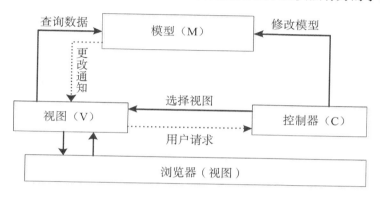

图 6 - 6　MVC 结构示意图

　　EF(ADO. NET Entity Framework)框架是在 MVC 框架的基础上提出的,是一个数据持久层框架,是微软开发的基于 ADO. NET 的对象关系映射(object relational mapping,ORM)框架,本书在两种架构的基础上完成系统开发。

6.5.2　后台用户界面设计

　　界面设计的友好程度会直接影响系统的使用效率,基于此,本系统界面设计以功能需求为导向,力求简单明晰,实用性强。系统的区域管理界面如图 6 - 7 所示,检测元素设置界面如图 6 - 8 所示,样本数据录入界面如图 6 - 9 所示。

图 6 - 7　区域管理界面

图 6 – 8　检测元素设置

图 6 – 9　样本数据录入

6.5.3　前台用户界面设计

系统前台用户界面如图 6 – 10 ~ 图 6 – 14 所示。

1. 系统登录界面

图 6 – 10　系统普通用户登录界面

2. 数据输入界面

图 6-11 数据输入界面

3. 比对结果界面

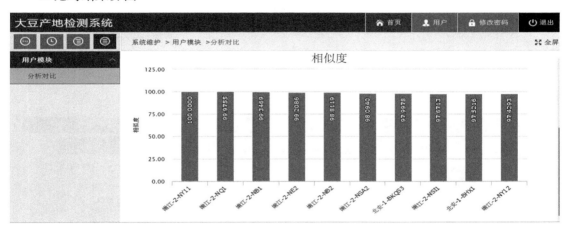

图 6-12 产地和品种比对界面

4. 机器学习模块输入界面

(a)

(b)

图 6 – 13　机器学习模块数据输入界面

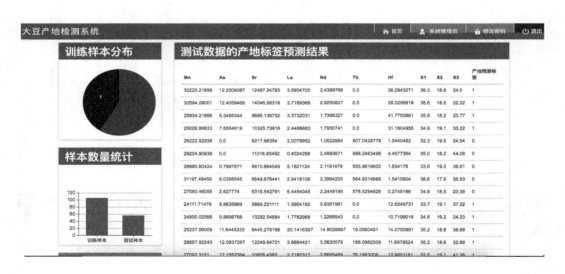

图 6 – 14　机器学习模块数据输出界面

6.6　系　统　测　试

系统测试是软件使用前的重要一环,完整的测试方法和用例能够提高系统使用的稳定性。基于本系统功能性比较单一,对系统采取了最基本的白盒测试与黑盒测试。

6.6.1　白盒测试

白盒测试技术分为单元测试、集成测试,在软件编译环境下,分别对系统进行了模块内的数据测试,确保模块的正确性及稳定性。在模块与模块之间进行了数据的传递测试,确保模块之间接口的安全性。

6.6.2　黑盒测试

黑盒测试的目的是保证系统功能的准确性,下面列举了部分测试用例进行说明。

1. 测试用例1

正例

在管理员权限下,点击"添加用户",新增一个用户信息。在弹出的添加窗口中填入新用户信息。在正确的信息下,出现"添加成功"提示框。返回普通用户登录,测试新添加用户的权限是否满足。

反例

在管理员权限下,点击"添加用户",采用非法信息添加,查看错误提示信息。

2. 测试用例2

正例

在普通用户权限下,输入新产品数据,查看是否能够得到正确值,随机输入若干组数据值,查看是否出现异常。

反例

在普通用户权限下,输入新产品异常数据,查看是否能够得到正确值。

3. 测试用例3

正例

在普通用户权限下,在机器学习模块的输入界面,依次对应输入合法数值,并点击"添加训练数据样本",查看训练数据表格是否能正确显示单个训练样本的情况。

反例

在普通用户权限下,在机器学习模块的输入界面,在对应输入框中输入含有非法的数据类型和数值,点击"添加训练数据样本",查看训练数据表格内的情况。

4. 测试用例4

同测试用例3,但该用例旨在测试添加测试数据的情况。

5. 测试用例5

正例

在普通用户权限下,依次添加若干条训练数据和测试数据,保证训练数据和测试数据的数值都是合法的,点击"运行分类系统",查看机器学习模块的运行结果。

反例

在普通用户权限下,添加若干测试和训练数据,使得测试数据和训练数据含有非法的数值和字符,点击"运行分类系统",查看机器学习模块的运行结果。

6.6.3　测试结论

经过完整的测试用例对系统进行测试,该系统能够正确执行各种操作,并能够对错误输入做出正确的反应,系统能够胜任判别任务。同时在测试任务当中对机器学习模块及其输入进行了测试,机器学习模块能进行正常的分类和预测任务,同时训练和测试后得到的结果能在界面的可视化部分正常显示。将大豆样本的 10 个判别指标构造出的特征向量送入机器学习模块后台,机器学习模块将特征向量组合成训练和测试数据的特征矩阵,并将其作为输入,用于机器学习模块对新样本产地进行判别,并利用后台交叉验证技术来检验算法的准确度,取 2014 年不同地域的 40 个大豆样品所测的数据作为大豆产地判别的验证集。所测判别结果如表 6 - 4、表 6 - 5 所示。由表 6 - 4 可知,40 份大豆样品中有 4 份判别错误,正确判别率为 90% ;由表 6 - 5 可知 40 份大豆样品中有 1 份判别错误,正确判别率为 97.5% 。说明结合线性判别分析的支持向量机方法优于线性判别模型的产地判别方法,说明机器学习模块在产地溯源方面具有良好的应用效果。

表 6 - 4　验证试验数据表

样品名称	55Mn[He] 浓度[ppb]	75As[He] 浓度[ppb]	88Sr[He] 浓度[ppb]	139La[He] 浓度[ppb]	146Nd[He] 浓度[ppb]	159Tb[He] 浓度[ppb]	178Hf[He] 浓度[ppb]	X_1(蛋白质)/(g/100 g)	X_2(脂肪)/(g/100 g)	X_3(可溶性总糖)/(μg/mL)	相似度/%	是/否
BLM1	34824.52578	7.337782976	10643.26214	1.446957077	0.729964612	0.000000000	0.000000000	31.4	19.2	58.80	99.8484	是
BLM2	37375.43936	8.036435128	10952.76678	3.35169345	1.950978009	0.000000000	0.000000000	31.0	19.0	63.22	98.3153	是
BJH1	25906.68173	3.996028805	4776.770909	0.878437418	0.424819473	0.000000000	0.000000000	32.2	17.8	56.71	99.6501	是
BJH2	28848.16934	6.198078572	6682.132571	4.241864039	3.888313173	0.000000000	0.000000000	38.1	15.7	50.51	99.9154	是
BLZ1	27904.82693	5.751611966	7149.91408	1.025176197	0.000000000	0.000000000	2.209151801	33.9	18.1	55.86	99.6390	是
BLZ2	31729.75078	5.88872616	9680.222292	1.3843761 2	0.858010389	0.000000000	2.542907678	31.8	19.6	58.81	99.1850	是
BELS1	27227.88326	6.299125968	9642.503632	1.294005005	0.734492928	350.2004057	2.622289003	31.3	20.8	45.47	99.6922	是
BELS2	26079.24093	6.324794893	7346.696854	1.87924606	1.539602323	8.318973083	0.000000000	34.7	19.2	49.19	99.9410	是
BHX1	25878.53962	0.000000000	4822.697097	4.292586308	2.30307886	0.000000000	0.244781758	32.0	18.7	54.08	99.7951	是
BHX2	27399.08419	0.000000000	7358.800106	1.979408382	1.035046596	0.000000000	0.008507317	33.1	19.4	47.64	99.6621	是
BHS1	27837.53775	4.452157974	9316.915331	0.882218647	0.000000000	0.000000000	0.000000000	36.1	16.2	49.74	99.4236	是
BHS2	26003.44088	5.127177359	11413.06859	1.329086417	1.870172167	0.000000000	0.000000000	31.1	18.6	58.65	99.7357	是
BKQS1	24536.04507	0.000000000	9149.711522	0.123733367	0.536749217	0.000000000	1.96445042	34.4	18.3	52.45	98.9894	是
BKQS2	23860.69241	0.000000000	10367.9611	0.257405906	0.538645398	0.000000000	2.251142276	32.2	19.8	39.81	99.9223	是
BWZ1	31972.79256	7.237664819	9894.730203	1.084525385	0.531908127	0.000000000	0.000000000	31.2	19.2	44.23	98.5399	是
BWZ2	29817.12994	4.69914259	8628.178176	0.526815257	0.000000000	0.000000000	0.000000000	34.9	18.3	43.07	99.7020	是
BXK1	34830.85094	6.079506618	9522.649422	1.093850768	0.491319472	0.000000000	3.777737491	33.6	18.2	57.02	99.7869	是
BXK2	28625.02213	6.540984856	8083.372246	3.433447711	2.078281644	0.000000000	3.25297886	34.7	17.8	60.28	0.1456	否
BYLH1	28612.49876	0.000000000	10051.12944	0.598254493	0.429841323	0.000000000	1.167336998	30.9	18.8	39.19	99.0556	是
BYLH2	29860.54882	1.771245137	12128.3278	4.660691672	4.644490066	0.000000000	0.970286419	30.7	18.6	37.95	96.8626	是
NY1	24391.24558	8.454582516	10472.50945	1.804872792	1.700749908	76.91872244	0.000000000	33.5	19.5	33.07	99.2966	是
NY2	23137.94995	6.453841393	10012.57472	1.598292065	0.954794403	0.000000000	1.947817029	32.4	19.2	38.11	0.0333	否

续表

样品名称	55Mn[He] 浓度[ppb]	75As[He] 浓度[ppb]	88Sr[He] 浓度[ppb]	139La[He] 浓度[ppb]	146Nd[He] 浓度[ppb]	159Tb[He] 浓度[ppb]	178Hf[He] 浓度[ppb]	X_1(蛋白质)/(g/100 g)	X_2(脂肪)/(g/100 g)	X_3(可溶性总糖)/(μg/mL)	相似度/%	是/否
NE1	30771.80008	9.212418572	13521.52364	8.132162329	5.150218127	0.000000000	3.394403651	34.9	19.2	40.36	99.7783	是
NE2	30779.4779	19.12991503	13307.46307	31.08499902	27.13738342	0.000000000	2.349973510	35.3	18.1	41.05	99.7731	是
NSA1	24580.1798	4.786281222	10365.51139	0.906276602	0.706276589	0.000000000	0.76855915	34.6	18.7	38.34	99.9741	是
NSA2	27295.35418	6.404396055	10194.62029	3.821893921	2.686810165	0.000000000	0.000000000	37.2	17.7	32.91	99.8656	是
NSI1	27825.19632	4.599045609	12365.63810	2.68423142	2.387255436	0.000000000	0.000000000	33.8	19.9	30.36	98.9883	是
NSI2	29177.16339	5.389191181	13982.26932	2.430233894	1.358623347	0.000000000	1.177602229	34.6	19.0	33.30	99.5140	是
NW1	27294.98026	3.999540677	12812.32701	4.273333364	2.752238816	0.000000000	4.102424544	37.2	17.7	31.52	99.3160	是
NW2	25542.71181	1.640029754	10864.83099	2.164643595	1.444916148	0.000000000	0.067193840	37.9	18.3	29.58	97.2050	是
NL1	26644.47619	3.976214339	9548.239148	3.709704641	3.203502374	0.000000000	0.350074640	34.3	20.2	34.16	99.8677	是
NL2	25724.82361	2.382158370	8786.646999	1.977074305	1.165789212	0.000000000	0.078955835	36.0	18.1	35.24	0.3273	否
NQ1	24761.97279	0.000000000	11411.62034	2.007995204	1.772557304	0.000000000	0.001585637	37.3	16.9	40.98	0.1126	否
NQ2	26775.02863	0.000000000	11422.22747	0.402426594	0.577369136	0.000000000	2.427315725	34.9	19.4	45.40	99.9565	是
NB1	27259.12985	6.035854473	11347.74067	2.941816616	2.889133596	0.000000000	0.10246698	34.7	20.3	46.64	98.6773	是
NB2	25796.49337	2.627774006	10931.07046	6.445404477	4.626802155	0.000000000	0.407168708	37.4	17.7	36.40	99.7920	是

注:B－北安,N－嫩江;1 ppb=10^{-9}。

表6-5 验证试验数据表

样品名称	55Mn[He] 浓度[ppb]	75As[He] 浓度[ppb]	88Sr[He] 浓度[ppb]	139La[He] 浓度[ppb]	146Nd[He] 浓度[ppb]	159Tb[He] 浓度[ppb]	178Hf[He] 浓度[ppb]	X_1蛋白质/(g/100 g)	X_2脂肪/(g/100 g)	X_3可溶性总糖/(μg/mL)	模型预测标签
BLM1	34824.52578	7.337782976	10643.26214	1.44957077	0.729964612	0.000000000	0.000000000	31.4	19.2	58.80	1
BLM2	37375.43936	8.036435128	10952.76678	3.35169345	1.950978009	0.000000000	0.000000000	31.0	19.0	63.22	1
BJH1	25906.68173	3.996028805	4776.770909	0.878437418	0.424819473	0.000000000	0.000000000	32.2	17.8	56.71	1

样品名称	55Mn[He] 浓度[ppb]	75As[He] 浓度[ppb]	88Sr[He] 浓度[ppb]	139La[He] 浓度[ppb]	146Nd[He] 浓度[ppb]	159Tb[He] 浓度[ppb]	178Hf[He] 浓度[ppb]	X_1蛋白质 /(g/100 g)	X_2脂肪 /(g/100 g)	X_3可溶性总糖 /(μg/mL)	模型 预测标签
BJH2	28848.16934	6.198078572	6682.132571	4.241864039	3.888313173	0.000000000	0.000000000	38.1	15.7	50.51	1
BLZ1	27904.82693	5.75161966	7149.91408	1.025176197	0.000000000	0.000000000	2.209151801	33.9	18.1	55.86	1
BLZ2	31729.75078	5.88872616	9680.222292	1.38437612	0.858010389	0.000000000	2.542907678	31.8	19.6	58.81	1
BELS1	27227.88326	6.299125968	9642.503632	1.294005005	0.734492928	0.000000000	2.622289003	31.3	20.8	45.47	1
BELS2	26079.24093	6.324794893	7346.696854	1.87924606	1.539602323	350.2004057	0.000000000	34.7	19.2	49.19	1
BHX1	25878.53962	0.000000000	4822.697097	4.292586308	2.30307886	8.318973083	0.244781758	32.0	18.7	54.08	1
BHX2	27399.08419	0.000000000	7358.800106	1.979408382	1.035046596	0.000000000	0.008507317	33.1	19.4	47.64	1
BHS1	27837.53775	4.452157974	9316.915331	0.882218647	0.000000000	0.000000000	0.000000000	36.1	16.2	49.74	1
BHS2	26003.44088	5.127177359	11413.06859	1.329086417	1.870172167	0.000000000	0.000000000	31.1	18.6	58.65	1
BKQS1	24536.04507	0.000000000	9149.711522	0.123733367	0.536749217	0.000000000	1.964455042	34.4	18.3	52.45	1
BKQS2	23860.69241	0.000000000	10367.9611	0.257405906	0.538645398	0.000000000	2.251142276	32.2	19.8	39.81	1
BWZ1	31972.79256	7.237664819	9894.730203	1.084525385	0.531908127	0.000000000	0.000000000	31.2	19.2	44.23	1
BWZ2	29817.12994	4.69914259	8628.178176	0.526815257	0.000000000	0.000000000	0.000000000	34.9	18.3	43.07	1
BXK1	34830.85094	6.079506618	9522.649422	1.093850768	0.491319472	0.000000000	3.777737491	33.6	18.2	57.02	1
BXK2	28625.02213	6.540984856	8083.372246	3.433447711	2.078281644	0.000000000	3.25297886	34.7	17.8	60.28	1
BYLH1	28612.49876	0.000000000	10051.12944	0.598254493	0.429841323	0.000000000	1.167336998	30.9	18.8	39.19	1
BYLH2	29860.54882	1.771245137	12128.3278	4.660691672	4.64490066	0.000000000	0.970286419	30.7	18.6	37.95	1
NY1	24391.24558	8.454582516	10472.50945	1.804872792	1.700749908	76.91872244	0.000000000	33.5	19.5	33.07	0
NY2	23137.94995	6.453841393	10012.57472	1.598292065	0.954794403	0.000000000	1.947817029	32.4	19.2	38.11	0
NE1	30771.80008	9.212418572	13521.52364	8.132162329	5.150218127	0.000000000	3.394403651	34.9	19.2	40.36	0
NE2	30779.4779	19.12991503	13307.46307	31.08499902	27.13738342	0.000000000	2.34997351	35.3	18.1	41.05	0
NSA1	24580.1798	4.786281222	10365.51139	0.906276602	0.706276589	0.000000000	0.76855915	34.6	18.7	38.34	0

续表

样品名称	55Mn[He] 浓度[ppb]	75As[He] 浓度[ppb]	88Sr[He] 浓度[ppb]	139La[He] 浓度[ppb]	146Nd[He] 浓度[ppb]	159Tb[He] 浓度[ppb]	178Hf[He] 浓度[ppb]	X_1蛋白质 /(g/100 g)	X_2脂肪 /(g/100 g)	X_3可溶性总糖 /(μg/mL)	模型预测标签
NSA2	27295.35418	6.404396055	10194.62029	3.821893921	2.686810165	0.000000000	0.000000000	37.2	17.7	32.91	0
NSI1	27825.19632	4.599045609	12365.6381	2.68423142	2.387255436	0.000000000	0.000000000	33.8	19.9	30.36	0
NSI2	29177.16339	5.38919181	13982.26932	2.430233894	1.358623347	0.000000000	1.177602229	34.6	19.0	33.30	0
NW1	27294.98026	3.999540677	12812.32701	4.273333364	2.752238816	0.000000000	4.102424544	37.2	17.7	31.52	0
NW2	25542.71181	1.640029754	10864.83099	2.164643595	1.444916148	0.000000000	0.06719384	37.9	18.3	29.58	0
NL1	26644.47619	3.976214339	9548.239148	3.709704641	3.203502374	0.000000000	0.35007464	34.3	20.2	34.16	0
NL2	25724.82361	2.38215837	8786.646999	1.977074305	1.165789212	0.000000000	0.078955835	36.0	18.1	35.24	1
NQ1	24761.97279	0.000000000	11411.62034	2.007995204	1.772557304	0.000000000	0.001585637	37.3	16.9	40.98	0
NQ2	26775.02863	0.000000000	11422.22747	0.402426594	0.577369136	0.000000000	2.427315725	34.9	19.4	45.40	0
NB1	27259.12985	6.035854473	11347.74067	2.941810616	2.889133596	0.000000000	0.10246698	34.7	20.3	46.64	0
NB2	25796.49337	2.627774006	10931.07046	6.445404477	4.626802155	0.000000000	0.407168708	37.4	17.7	36.40	0

注:B – 北安,N – 嫩江,模型预测标签中 1 – 北安,0 – 嫩江;1 ppb = 10^{-9}。

6.7　本　章　小　结

本章介绍了大豆产地判别系统的设计与实现。采用 EF 网页框架搭建了基于 MVC 模式的系统,并设计了大豆矿物元素及有机成分数据库,方便系统的调用和用户的使用。以 Mn、La、Tb、Nd、Hf、Sr、As、蛋白质、脂肪和可溶性总糖 10 个指标作为特征向量,使用结合线性判别分析的支持向量机产地判别方法,正确判别率为 97.5%,优于线性判别模型的 90.0%,取得了较好的判别效果。

下　　篇

大豆中异黄酮产地溯源研究

本篇以黑龙江省大豆主产地的种子为研究对象,利用改进的高效色谱检测法,对不同产地、不同品种的大豆样品进行测定。考虑年际因素、品种因素、产地因素对大豆中异黄酮单体含量的主效应以及交互作用的影响,通过方差分析、主成分分析、聚类分析、判别分析以及验证判别等化学计量学分析的方法筛选出大豆异黄酮特征溯源指标,建立了判别模型以及数据库。

本篇共6章,涵盖了大豆异黄酮含量测定方法的改进、大豆异黄酮特征溯源指标筛选、大豆异黄酮产地溯源数据库的构建等内容。

7 大豆异黄酮含量检测方法的改进

目前,研究者利用高效液相色谱法检测大豆中大豆苷、黄豆黄苷、染料木苷、大豆苷元、黄豆黄素和染料木素等6种大豆异黄酮单体时,提取溶剂大多使用甲醇水溶液。鉴于上述异黄酮单体的极性较弱,特别是游离型异黄酮单体,选用极性较强的甲醇－水二元溶剂可能不利于6种单体的完全溶出,另外,当批量样品检测时,甲醇的大量使用存在着一定的安全性问题。本章首先建立乙醇－水二元溶剂混合标准液的色谱分析条件,并采用乙醇水溶液提取大豆中6种大豆异黄酮单体,将检测结果与国家标准方法进行比较,旨在为大豆异黄酮检测方法的完善提供参考,为后续大批量检测大豆样品中异黄酮单体含量提供技术支撑。

7.1 试 验 条 件

7.1.1 试验材料、试剂及设备

1. 试验中应用的材料和试剂见表7-1。

表7-1 材料和试剂

名 称	规 格	生产厂家
大豆苷	标准品(≥99.46%)	成都曼斯特生物科技有限公司
黄豆黄苷	标准品(≥98.27%)	成都曼斯特生物科技有限公司
染料木苷	标准品(≥98.46%)	成都曼斯特生物科技有限公司
大豆苷元	标准品(≥99.99%)	成都曼斯特生物科技有限公司
黄豆黄素	标准品(≥99.39%)	成都曼斯特生物科技有限公司
染料木素	标准品(≥99.91%)	成都曼斯特生物科技有限公司
冰乙酸	色谱纯	上海阿拉丁生化科技股份有限公司
甲醇	色谱纯	北京百灵威科技有限公司
乙腈	色谱纯	北京百灵威科技有限公司
石油醚	分析纯(30~60℃)	天津市富宇精细化工有限公司
乙醇	分析纯	天津永晟精化工有限公司
大豆	—	黑龙江省宝泉岭市场

2. 试验仪器
试验中应用的仪器见表7-2。

表 7 - 2　试验仪器

名　　称	型　　号	生产厂家
高效液相色谱仪	1260	安捷伦科技有限公司
二极管阵列检测器	G412B	安捷伦科技有限公司
柱温箱	G1316A	安捷伦科技有限公司
四元泵	G1311C	安捷伦科技有限公司
色谱柱	Sion Chrom ODS - BP (250 mm×4.6 mm,5 μm)	大连依利特分析仪器有限公司
针式微孔滤膜	0.22 μm、0.45 μm	天津津腾实验设备有限公司
数控超声波清洗器	KH - 5200DE	昆山禾创超声仪器有限公司
电热恒温鼓风干燥箱	DGG - 9023A	上海森信实验仪器有限公司
电子分析天平	FA1204B	上海精科天美仪器有限公司
多功能粉碎机	GY - FS - 02	江西赣运食品机械有限公司
旋转蒸发器	RE - 52A	巩义市予华仪器有限责任公司
超纯水系统	SMART	上海康雷分析仪器有限公司
脂肪测定仪	SOX500	济南海能仪器股份有限公司

7.1.2　试验方法

1. 大豆异黄酮标准品配制及工作曲线绘制

（1）大豆异黄酮标准储备溶液配制

分别精密称取 6 种大豆异黄酮标准品(大豆苷、黄豆黄苷、染料木苷、大豆苷元、黄豆黄素、染料木素)0.005 0 g 分别置于 10 mL 容量瓶中,用 70% 乙醇溶解并定容至刻度线,配成溶液的浓度为 500 μg/mL。0~4 ℃冷藏避光保存。

（2）大豆异黄酮混合标准溶液配制

分别移取上述 6 种单体的大豆异黄酮标准储备溶液 5 mL 于 50 mL 容量瓶中,分别用 70% 乙醇溶解定容至刻度线,配成溶液为 50 μg/mL 的大豆异黄酮标准品溶液。分别移取大豆异黄酮单体标准溶液各 2 mL,混匀,取 1 mL 标准混合溶液通过 0.45 μm 滤膜,供高效液相色谱检测。0~4 ℃冷藏避光保存。

（3）大豆异黄酮标准工作曲线绘制

准确吸取上述混合标准溶液 0.0 μL、50.0 μL、100.0 μL、200.0 μL、300.0 μL、1 000.0 μL、2 000.0 μL 分别于 10 mL 容量瓶中,70% 乙醇溶液定容到刻度线,混合均匀,配成各单体浓度 0.00 μg/mL、0.25 μg/mL、0.50 μg/mL、1.00 μg/mL、1.50 μg/mL、5.00 μg/mL、10.00 μg/mL 系列的大豆异黄酮混合标准工作溶液。依次进样 10 μL,以大豆异黄酮各单体浓度为横坐标,峰面积为纵坐标绘制标准工作曲线,得出 6 种大豆异黄酮各单体的回归方程。

2. 色谱条件的优化

（1）波长的选择

对 6 种大豆异黄酮标准品的检测波长进行比较,选择了 245 nm、254 nm、260 nm 3 个不同的检测波长。在 1260 型安捷伦高效液相色谱仪的二极管阵列检测器(DAD)选项中同时设定 245 nm、254 nm、260 nm 3 段波长,其余条件不变,检测大豆异黄酮的含量,观察色谱图并对其进行分析,选择最优的检测波长。

（2）流速的选择

选取 0.8 mL/min、1.0 mL/min、1.2 mL/min 3 种流速条件,选择高效液相色谱仪中四元泵模块视图,进入流速的参数设置界面,依次改变流速的参数,其余条件不变,检测大豆异黄酮的含量,观察色谱图并对其进行分析,确定最优的流速条件。

（3）柱温的选择

选取 25 ℃、30 ℃、40 ℃ 3 个温度的柱温,选择高效液相色谱仪中柱温箱模块视图,进入柱温箱的参数设置界面,将选取好的 25 ℃、30 ℃、40 ℃ 3 个柱温分别依次输入,其余条件不变,检测大豆异黄酮的含量,观察色谱图并对其进行分析,选择最优的柱温条件。

（4）进样量的选择

选取 5 μL、10 μL、20 μL 3 个体积的进样量对 6 种大豆异黄酮标准品含量进行检测,在进样器模块视图下进入进样器参数的设置界面,将所需的 5 μL、10 μL、20 μL 进样量进行设置,其余条件不变,检测大豆异黄酮的含量,观察色谱图并对其进行分析,选择最优的进样量条件。

3. 样品的处理与测定

取 5 g 黄豆粉,用 30~60 ℃石油醚进行脱脂 3 h,50 ℃烘干,采用料液比为 1:15 的 70% 乙醇置于超声波清洗机中,超声条件为温度 70 ℃,时间 40 min,功率 160 W;离心,转速 7 000 r/min,离心时间 20 min,残渣再用乙醇进行二次超声提取,合并 2 次上清液,浓缩至 50 mL,取 4~5 mL 样液,离心,转速 10 000 r/min,离心时间 20 min,通过 0.22 μm 滤膜,进行 HPLC 测定。

4. 精密度试验

取大豆异黄酮混合标准品溶液,按照上述色谱条件进行测定,连续进样 6 次,每次进样量为 10 μL,记录各大豆异黄酮单体峰面积并计算其各单体含量及相对标准偏差。公式:相对标准偏差(RSD) = 标准偏差(SD)/计算结果的算术平均值(X)×100%。

5. 定量限及检出限

将大豆异黄酮混合标准溶液不断进行稀释,进样量为 10 μL,按照上述色谱条件进行检测,使大豆异黄酮峰高为噪音高的 10 倍时,6 种大豆异黄酮单体的峰面积所对应的浓度为定量限。继续稀释使大豆异黄酮峰高为噪音高的 3 倍时,此时 6 种大豆异黄酮单体的峰面积所对应的浓度为检出限。

6. 稳定性试验

在室温条件下,取大豆异黄酮混合标准液置于 6 份进样瓶中,分别于 0 h、2 h、4 h、8 h、12 h、24 h 时按照上述确定的色谱条件检测,记录各大豆异黄酮单体峰面积并计算其各单体峰面积的相对标准偏差。

7. 回收率试验

取已知含量的大豆异黄酮样品,使样品的浓度稀释至标准曲线内,将大豆苷、黄豆黄苷、染料木苷、大豆苷元、黄豆黄素以及染料木素等 6 种大豆异黄酮单体的标准品按照已知样品浓度的低、中、高 3 种浓度加入样品中,一般加入的量是已知样品浓度的 0.5~2 倍,每个样品平行进样 3 次,重复 9 次。按照公式回收率 = (加标试样浓度 - 试样浓度)/加标浓度×100% 来计算加标回收率。

8. 与国家标准测定方法的比较

分别采用改进方法和国标方法对大豆异黄酮单体含量进行测定,6 份样品,每种方法检测 3 份(标记 1,2,3),进行 3 次平行,3 次重复,共测 9 次。采用 SPSS 19.0 软件,对检测结果进行独立 T 检验,比较两种方法中大豆异黄酮单体含量的差异显著性。

7.2　结果与分析

7.2.1　色谱条件的确立

1. 检测波长的选择

6 种大豆异黄酮标准品在 245 nm、254 nm、260 nm 3 个不同检测波长的色谱图如图 7-1~图 7-3 所示,260 nm 的检测波长下,大豆异黄酮各单体组分吸收值较高,峰型较好,因此,采用 260 nm 作为检测波长。

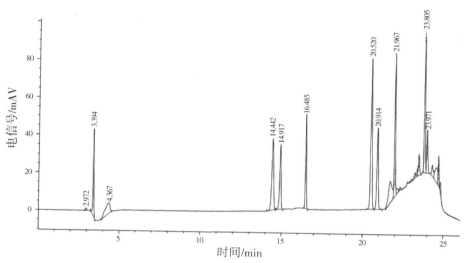

图 7-1　波长 245 nm 时的色谱图

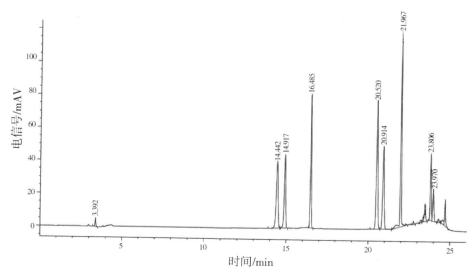

图 7-2　波长 254 nm 时的色谱图

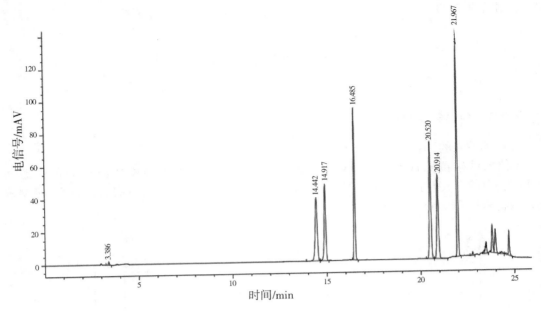

图 7 - 3　波长 260 nm 时的色谱图

2. 流速的选择

选取 0.8 mL/min、1.0 mL/min、1.2 mL/min 流速进行大豆异黄酮的含量检测，色谱图分别如图 7 - 4~图 7 - 6 所示。虽然流速为 1.2 mL/min 时大豆异黄酮单体出峰时间短，但六种异黄酮单体的峰面积较流速 1.0 mL/min 小，而当流速为 0.8 mL/min 时，各大豆异黄酮单体的峰型不好，且出现连峰现象。因此，流速选择 1.0 mL/min。

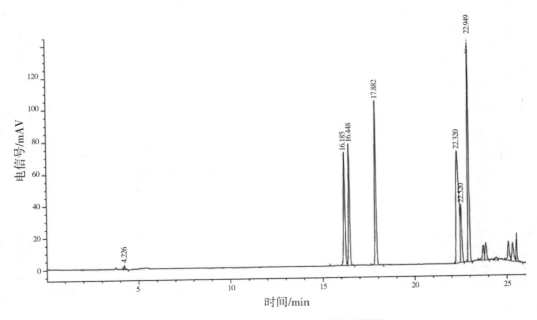

图 7 - 4　流速 0.8 mL/min 时的色谱图

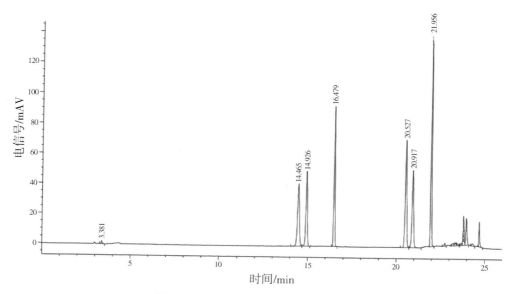

图 7-5　流速 1.0 mL/min 时的色谱图

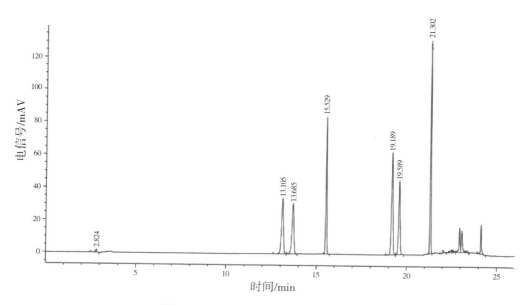

图 7-6　流速 1.2 mL/min 时的色谱图

3. 柱温的选择

选取了 25 ℃、30 ℃、40 ℃三个温度的柱温,色谱图分别如图 7-7～图 7-9 所示。当色谱柱的温度为 25 ℃时,大豆异黄酮的峰面积比较小,且出峰时间晚。当色谱柱的温度为 40 ℃时,虽然大豆异黄酮的峰面积稍大一些,但温度过高会影响色谱柱寿命,且此时异黄酮各单体的对称因子较差,峰型没有色谱柱温度为 30 ℃的好,故柱温选择 30 ℃。

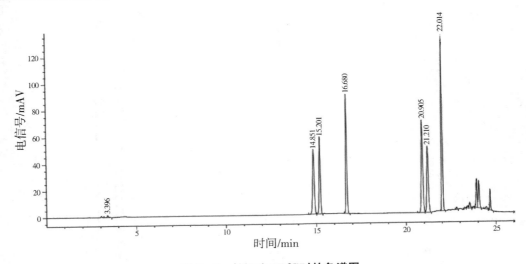

图 7 - 7　柱温为 25 ℃时的色谱图

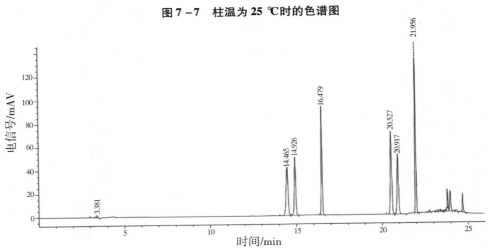

图 7 - 8　柱温为 30 ℃时的色谱图

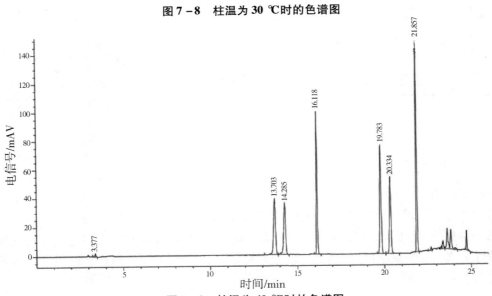

图 7 - 9　柱温为 40 ℃时的色谱图

4. 进样量的选择

选取 5 μL、10 μL、20 μL 3 个体积的进样量,色谱图分别如图 7 - 10 ~ 图 7 - 12 所示。当进样量体积为 5 μL 时,大豆异黄酮各单体的峰面积较小,在大豆样品中不易检测出异黄酮成分。进样量为 20 μL 时,出现杂峰与对照品相连现象且大豆异黄酮的峰型不好。而进样量为 10 μL 时,大豆异黄酮各单体组分的峰型较好,因此,选取进样量体积为 10 μL 来进行大豆异黄酮单体的含量测定。

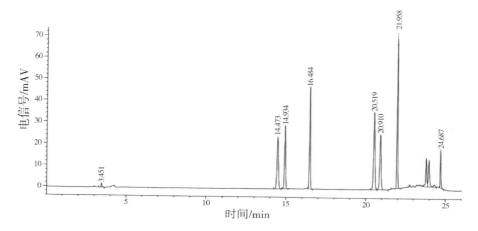

图 7 - 10　进样量 5 μL 时的色谱图

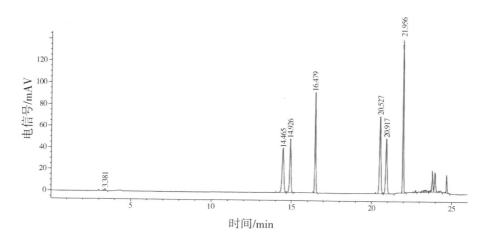

图 7 - 11　进样量 10 μL 时的色谱图

5. 色谱条件的确定

经色谱条件的优化,最终确定 6 种大豆异黄酮单体含量检测的色谱条件为:色谱柱为 Sion Chrom ODS - BP 柱(250 mm × 4.6 mm,5 μm);流动相 A 为 0.1% 乙酸 - 水溶液,流动相 B 为 0.1% 乙酸 - 乙腈溶液,检测波长:260 nm;流速为 1.0 mL/min;柱温为 30 ℃;进样量为 10 μL。梯度洗脱程序如表 7 - 3 所示。

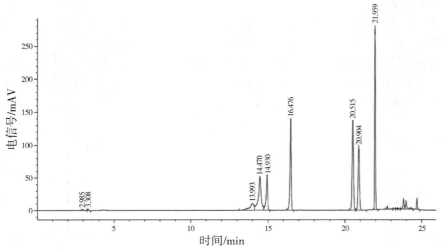

图 7 - 12　进样量 20 μL 时的色谱图

表 7 - 3　HPLC 法测大豆异黄酮梯度洗脱表

时间/min	0	10	12	18	19	21	22	26
A(0.1% 乙酸水溶液)/%	90	80	70	60	0	0	90	90
B(0.1% 乙酸乙腈溶液)/%	10	20	30	40	100	100	10	10

7.2.2　混合标准品色谱图

根据已优化的高效液相色谱检测条件对大豆异黄酮单体的大豆苷、黄豆黄苷、染料木苷、大豆苷元、黄豆黄素、染料木素等混合标准溶液进行同时检测,其混合标准品色谱图如图 7 - 13 所示。

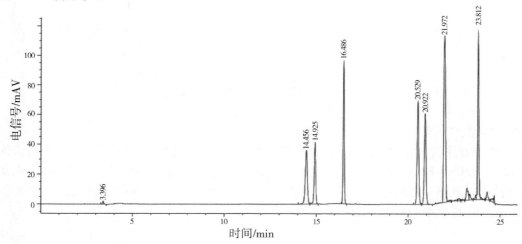

图 7 - 13　6 种异黄酮混合标准曲线色谱图

由图 7 - 13 结果显示,大豆苷、黄豆黄苷、染料木苷、大豆苷元、黄豆黄素、染料木素等异黄酮单体的出峰时间分别为 14.456 min,14.925 min,16.486 min,20.529 min,20.922 min,21.967 min。6 种大豆异黄酮单体的分离度分别为 74.17,11.78,29.69,2.42,7.55。塔板数分别为 80 106,145 375,356 609,260 522,262 490,532 938。6 种异黄酮单体色谱峰分离度均大于 1.5 且塔板数符合质量标准要求。说明大豆异黄酮在该色谱条件下检测,色谱峰分离度较好。

7.2.3　方法的线性范围

6 种大豆异黄酮单体标准曲线的线性方程、决定系数及线性范围见表 7 - 4,用该方法检测的 6 种大豆异黄酮单体线性方程的决定系数 $R^2 \geq 0.999\ 3$,浓度范围为 0.25 ~ 10.00 μg/mL,6 种大豆异黄酮单体标准曲线如图 7 - 14 所示,呈现良好的线性关系。

表 7 - 4　6 种大豆异黄酮单体线性关系

组分	线性范围/(μg/mL)	标准曲线	R^2
大豆苷	0.25 ~ 10.00	$y = 5.516\ 1x + 0.105\ 3$	0.999 9
黄豆黄苷	0.25 ~ 10.00	$y = 4.646\ 4x + 0.130\ 3$	0.999 8
染料木苷	0.25 ~ 10.00	$y = 8.325\ 6x + 1.115\ 3$	0.999 3
大豆苷元	0.25 ~ 10.00	$y = 8.962\ 0x + 0.979\ 3$	0.999 7
黄豆黄素	0.25 ~ 10.00	$y = 7.708\ 8x + 0.220\ 8$	1.000 0
染料木素	0.25 ~ 10.00	$y = 15.419\ 0x + 12.37\ 1$	0.999 6

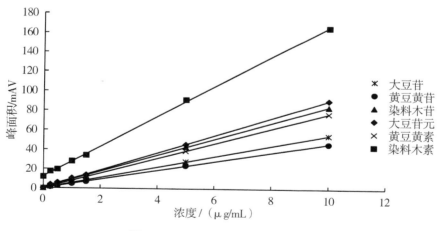

图 7 - 14　6 种异黄酮标准曲线图

7.2.4　精密度试验

精密度试验结果见表 7 - 5。6 次进样时大豆中大豆苷、黄豆黄苷、染料木苷、大豆苷元、黄豆黄素、染料木素等 6 种大豆异黄酮单体的精密度分别为 0.21%,0.25%,0.17%,0.16%,0.16%,0.12%。相对标准偏差均小于 2%,符合分析方法验证的可接受标准。

表 7 - 5　精密度试验结果

进样次数	大豆苷 /(μg/g)	黄豆黄苷 /(μg/g)	染料木苷 /(μg/g)	大豆苷元 /(μg/g)	黄豆黄素 /(μg/g)	染料木素 /(μg/g)
1	502.04	525.12	487.96	480.61	498.91	502.27
2	504.77	528.57	489.93	482.35	500.72	502.95
3	503.35	527.07	488.90	481.26	499.66	501.76
4	503.77	527.64	488.81	481.18	499.68	501.66
5	503.82	527.77	489.35	481.71	500.14	502.60
6	504.92	528.88	490.23	482.64	501.07	503.12
SD/%	1.05	1.34	0.83	0.76	0.79	0.60
X/(μg/g)	503.78	527.51	489.20	481.62	500.03	502.39
RSD/%	0.002 1	0.002 5	0.001 7	0.001 6	0.001 6	0.001 2

7.2.5　定量限及检出限

定量限及检出限试验的结果表明,大豆苷、黄豆黄苷、染料木苷、大豆苷元、黄豆黄素、染料木素等 6 种大豆异黄酮单体的定量限分别为 0. 025 μg/mL、0. 007 5 μg/mL、0. 012 5 μg/mL、0. 013 μg/mL、0. 020 μg/mL、0. 025 μg/mL。6 种大豆异黄酮单体的检出限分别为: 0. 004 5 μg/mL、0. 003 μg/mL、0. 005 μg/mL、0. 003 μg/mL、0. 005 μg/mL、0. 004 μg/mL。

7.2.6　稳定性试验

大豆苷、黄豆黄苷、染料木苷、大豆苷元、黄豆黄素、染料木素等 6 种大豆黄酮单体在不同贮存时间内稳定性的相对标准偏差分别为 0. 22% ,0. 12% ,0. 25% ,0. 15% ,0. 22% ,0. 95% ,相对标准偏差均小于 2% ,符合分析方法验证的可接受标准。因此,大豆中这 6 种大豆异黄酮在 24 h 内稳定。稳定性试验结果如表 7 - 6 所示。

表 7 - 6　稳定性试验结果

时间 /h	大豆苷 /(μg/g)	黄豆黄苷 /(μg/g)	染料木苷 /(μg/g)	大豆苷元 /(μg/g)	黄豆黄素 /(μg/g)	染料木素 /(μg/g)
0	508.86	575.07	508.60	495.84	517.69	543.69
2	508.92	575.85	509.12	496.21	518.05	538.48
4	508.17	574.94	508.82	496.09	518.01	538.07
8	509.11	575.06	509.13	496.86	519.83	549.65
12	509.64	575.44	509.70	497.24	520.08	549.86
24	511.43	576.70	512.00	497.77	519.93	542.39
X/(μg/g)	509.35	575.51	509.56	496.67	518.93	543.69

续表

时间 /h	大豆苷 /（μg/g）	黄豆黄苷 /（μg/g）	染料木苷 /（μg/g）	大豆苷元 /（μg/g）	黄豆黄素 /（μg/g）	染料木素 /（μg/g）
SD/%	1.12	0.67	1.25	0.75	1.12	5.18
RSD/%	0.002 2	0.001 2	0.002 5	0.001 5	0.002 2	0.009 5

7.2.7　回收率试验

加标回收试验结果见表 7－7。6 种大豆异黄酮单体的回收率及相对标准差范围如下：大豆苷 101.10% ～ 102.56%，1.62% ～ 3.21%；黄豆黄苷 99.62% ～ 102.56%，1.77% ～ 6.93%；染料木苷 105.00% ～ 107.60%，0.96% ～ 6.66%；大豆苷元 102.22% ～ 108.89%，3.19% ～ 5.73%；黄豆黄素 103.00% ～ 114.00%，3.66% ～ 7.99%；染料木素 100.00% ～ 108.00%，2.00% ～ 7.41%。该条件下，加标回收率试验满足 80% ～ 120%，$RSD < 10\%$，符合分析方法验证的可接受标准。

表 7－7　回收率试验结果

组分	加入量 /（μg/mL）	测定值 /（μg/mL）	平均回收率 /%	相对标 准差/%
大豆苷	0.650	0.668,0.680,0.652	102.56	2.11
	1.300	1.363,1.289,1.291	101.10	3.21
	2.600	2.587,2.627,2.672	101.10	1.62
黄豆 黄苷	0.065	0.064,0.064,0.072	102.56	6.93
	0.130	0.132,0.128,0.132	100.51	1.77
	0.260	0.253,0.254,0.270	99.62	3.68
染料 木苷	0.170	0.182,0.179,0.182	106.47	0.96
	0.340	0.357,0.352,0.362	105.00	1.40
	0.680	0.787,0.695,0.713	107.60	6.66
大豆 苷元	0.060	0.066,0.063,0.067	108.89	3.19
	0.120	0.128,0.120,0.128	104.44	3.69
	0.240	0.260,0.244,0.232	102.22	5.73
黄豆 黄素	0.050	0.060,0.053,0.058	114.00	6.33
	0.100	0.106,0.099,0.116	107.00	7.99
	0.200	0.207,0.198,0.213	103.00	3.66
染料 木素	0.025	0.025,0.027,0.029	108.00	7.41
	0.050	0.050,0.049,0.051	100.00	2.00
	0.100	0.108,0.101,0.098	102.33	5.01

　　基于国家标准的色谱检测条件,选用 70% 乙醇为标准品溶剂,色谱条件为:进样量 10 μL,柱温 30 ℃,流速 1.0 mL/min;流动相 A 为 0.1% 乙酸 - 水溶液,流动相 B 为 0.1% 乙酸 - 乙腈溶液;检测波长 260 nm。梯度洗脱程序为:0 ~ 10 min,90% ~ 80% A;10 ~ 12 min, 80% ~ 70% A;12 ~ 18 min,70% ~ 60% A;18 ~ 19 min,60% ~ 0% A;19 ~ 21 min,0% A;21 ~ 22 min,0% ~ 90% A;22 ~ 26 min,90% A。建立了大豆苷、黄豆黄苷、染料木苷、大豆苷元、黄豆黄素、染料木素等 6 种大豆异黄酮单体含量检测的高效液相色谱条件,通过方法学评价对该方法进行考察,其线性关系、精密度、稳定性、加标回收率、灵敏度均符合分析方法验证的可接受标准。该条件能够满足提取溶剂为乙醇的 6 种大豆异黄酮单体含量的同时检测。

7.2.8　改进的方法与国标的方法测定结果比较

　　改进方法和国标方法测定大豆中 6 种大豆异黄酮单体含量的检测结果见表 7 - 8。

表 7 - 8　两种检测大豆异黄酮方法的结果

单位:μg/g

组分	大豆苷	黄豆黄苷	染料木苷	大豆苷元	黄豆黄素	染料木素
国标	3 442.13 ± 30.63[b]	480.79 ± 15.32[b]	4546.78 ± 21.13[a]	124.69 ± 0.83[a]	23.19 ± 6.31[a]	120.41 ± 20.26[a]
改进	3 906.33 ± 29.91[a]	669.27 ± 22.34[a]	4463.27 ± 48.27[a]	85.82 ± 0.67[b]	23.26 ± 2.56[a]	100.22 ± 6.25[a]

　　注:表格中的数值用平均值 ± 标准偏差表示;a,b 表示显著性差异($P < 0.05$)。

　　由表 7 - 8 可见,利用两种高效液相色谱法检测大豆异黄酮 6 种单体时,选择乙醇为提取剂,结合建立的相应色谱条件,可以检测出 6 种大豆异黄酮单体含量,其中大豆中的大豆苷、染料木苷两种单体含量较高,黄豆黄素含量最低。大豆苷($P < 0.05$)和黄豆黄苷($P < 0.05$)的两种检测方法含量差异显著,说明改进方法检测的含量较高;染料木苷($P > 0.05$)、黄豆黄素($P > 0.05$)和染料木素($P > 0.05$)的两种检测方法含量差异不显著,说明改进方法和国标方法无差别;大豆苷元($P < 0.05$)的两种检测方法含量差异显著,说明改进方法检测的含量较低。出现上述情况的原因可能是大豆苷和黄豆黄苷为葡萄糖苷型,易溶于水,与改进方法中使用的乙醇溶液极性相接近,提取的效率较高。改进方法检测大豆苷元含量偏低可能是因为游离型苷元极性较差,70% 乙醇并未提高其溶解性,今后应考虑采用三元溶剂体系或不同溶剂分步提取等手段,提高大豆苷元单体含量的提取率。改进方法能够满足 6 种大豆异黄酮单体含量的检测需求。

　　选用安全性和经济性的乙醇水溶液提取大豆中的异黄酮,利用建立的色谱条件检测提取液中的 6 种单体。与国标方法进行比较,大豆苷和黄豆黄苷含量检测较高,染料木苷、黄豆黄素和染料木素含量检测相近,大豆苷元含量检测结果偏低,今后应考虑利用三元溶剂体系提高其提取率。

7.3 本章小结

通过改进的高效液相色谱条件同时检测 6 种大豆异黄酮单体含量为产地溯源提供了技术思路,且改进方法的线性关系、精密度、稳定性、准确度、灵敏度均较好,满足分析方法学评价的要求及大豆中 6 种异黄酮单体同时检测的要求,该色谱条件可以在产地溯源中应用于大豆异黄酮单体含量的检测。

8　2015年主产地大豆中异黄酮产地溯源研究

北安和嫩江是黑龙江省生产非转基因大豆的两大主要生产基地,其中北安产地土壤肥沃,种植面积占耕地面积的50%以上,嫩江产地的大豆种植面积和总产量在黑龙江省也占有重要地位。为建立完善的溯源体系,增强黑龙江省大豆流通过程中产品信息的透明度,提高消费者对有地理标志的大豆产品的安全意识,提高企业生产的管理水平以及政府部门对黑龙江省大豆质量安全的监督管理力度,寻找来源于不同产地的大豆异黄酮特征溯源指标是实现溯源技术中产地判别分析的有效手段之一。本章利用已建立的高效液相色谱检测方法,选取2015年黑龙江省北安和嫩江两个大豆主产地共51份大豆样品,对黑龙江省两主产地的大豆中6种大豆异黄酮单体含量进行测定,采用方差分析、主成分分析、聚类分析、判别分析和交叉验证判别等化学计量学分析方法,筛选出有效的大豆异黄酮特征溯源指标,利用特征指标含量的差异建立大豆异黄酮产地溯源判别模型,初步明确黑龙江省两大主产地大豆中大豆异黄酮主要成分含量的特点,为黑龙江省相似地区内大豆产地溯源研究提供参考依据。

8.1　试　验　条　件

8.1.1　材料与仪器

1. 材料和试剂

试验应用的材料和试剂见表7 - 1。

2. 试验仪器

试验应用的仪器见表7 - 2。

8.1.2　试验方法

1. 样品的采集

北安大豆产地经度为125°54′～128°34′,纬度为47°62′～49°62′,年均日照时数为2 600 h,降水量为500 mm,年均气温为0.8 ℃;嫩江大豆产地的经度为124°44′～126°49′,纬度为48°42′～51°00′,年均日照时数为2 832 h,降水量为621 mm,年均气温为2.6 ℃。采集样本时间为2015年10月10日至10月17日,按照经纬度的不同,在黑龙江省大豆主产地的北安和嫩江设置18个采样点,每个采样点按"S"形区域布点,采集1～2 kg成熟的大豆籽粒。其中北安大豆主产地划分10个采样点,品种为北汇豆1号、黑河43、华疆2号、黑河45、黑河农科研6号、黑河35、711、北豆42、北豆28、克山1号、北豆14、黑河24、垦鉴豆27、北豆10和华疆4号共15个品种,大豆样本数为30份。嫩江大豆主产地划分8个采样点,品种为有机黑河43、黑科56、黑河43、黑河45、北豆34、登科1号、黑河52、黑河34、嫩奥

1092、北豆10、北豆42 和2011 共12 个品种,大豆样本数为21 份。两大主产地采集共51 份大豆样品,其中39 份大豆为分析样品,12 份大豆为验证判别分析样品,常温条件下储存。

2. 预处理方法

预处理时,将采集的大豆样品进行挑选,挑出其中的石子,大豆外壳等杂质,每个大豆样品称取100 g,用去离子水反复冲洗干净,将其放入40 ℃的鼓风干燥箱中进行干燥处理,干燥后的大豆样品用粉碎机粉碎,通过40 目筛,4 ℃密封保存,备用。

3. 提取方法

取大豆样品3 份,准确称量每份大豆样品5 g,用30 ~ 60 ℃石油醚进行脱脂3 h,用电热恒温鼓风干燥箱50 ℃烘干;提取剂为70%乙醇,采用的料液比为1∶15,放置于超声波清洗机中进行提取,超声波条件设为温度为70 ℃,功率为160 W,超声时间为40 min;用高速离心机离心,离心条件设为转速为7 000 r/min,时间为20 min;离心后的残余沉淀物再用70%乙醇进行二次超声波提取,合并两次的上清液,用旋转蒸发仪将上清液浓缩至50 mL,取4 ~ 5 mL样液,进行离心(转速10 000 r/min,离心时间20 min),通过0.22 μm的滤膜,用高效液相色谱仪进行测定。

4. 测定条件

采用Sion Chrom ODS - BP 色谱柱(250 mm ×4.6 mm,5 μm);色谱柱温度为30 ℃;流速为1.0 mL/min;检测波长为260 nm;进样量为10 μL;选择0.1%乙酸 - 水溶液作为流动相A,0.1%乙酸 - 乙腈溶液作为流动相B。梯度洗脱表如表8 - 1 所示。

表8 - 1　HPLC 法测大豆异黄酮梯度洗脱表

时间/min	0	10	12	18	19	21	22	26
A(0.1%乙酸水溶液)/%	90	80	70	60	0	0	90	90
B(0.1%乙酸乙腈溶液)/%	10	20	30	40	100	100	10	10

8.2　结果与分析

8.2.1　不同产地大豆异黄酮的差异分析

对2015 年黑龙江省北安产地24 份大豆样品和嫩江产地15 份大豆样品共39 份大豆样品中6 种大豆异黄酮含量进行方差分析,结果见表8 - 2。

表8 - 2　2015 年黑龙江省不同产地大豆中异黄酮单体含量

单位:mg/g

异黄酮单体	统计分析	北安	嫩江
大豆苷	$\bar{x} \pm s$	2 290.33 ± 561.49[a]	2 190.23 ±400.98[a]
	R	1 386.42 ~ 3 874.23	1 532.86 ~ 2 940.22
	C · V/%	24.52	18.31

异黄酮单体	统计分析	北安	嫩江
黄豆黄苷	$\bar{x} \pm s$	596.61 ± 112.70[a]	492.40 ± 95.47[b]
	R	423.35 ~ 869.98	382.75 ~ 704.05
	C·V/%	18.89	19.39
染料木苷	$\bar{x} \pm s$	6 206.54 ± 1 245.40[a]	6 008.58 ± 822.92[a]
	R	3 510.33 ~ 9 280.83	4 763.65 ~ 7 274.54
	C·V/%	20.07	13.70
大豆苷元	$\bar{x} \pm s$	66.74 ± 32.22[a]	77.10 ± 42.72[a]
	R	21.67 ~ 143.34	31.59 ~ 179.41
	C·V/%	48.27	55.40
黄豆黄素	$\bar{x} \pm s$	7.10 ± 3.88[a]	7.82 ± 4.08[a]
	R	2.51 ~ 16.79	2.90 ~ 19.07
	C·V/%	54.59	52.09
染料木素	$\bar{x} \pm s$	69.07 ± 35.85[a]	84.40 ± 47.40[a]
	R	21.12 ~ 156.67	33.92 ~ 210.50
	C·V/%	51.90	56.16

注:$\bar{x}$ 为均值;s 为标准偏差;R 为变幅;C·V 为变异系数;a,b 表示显著性差异($P < 0.05$)。

由表 8 - 2 可知大豆苷、染料木苷、大豆苷元、黄豆黄素、染料木素在北安和嫩江含量差异不显著($P > 0.05$),黄豆黄苷在不同产地含量差异显著($P < 0.05$)。从表中还可以看出,大豆中异黄酮的波动系数不大,说明在同一产地不同农场内大豆中的异黄酮含量波动较小,异黄酮含量稳定。

通过采集的 2015 年黑龙江省北安和嫩江两个大豆主产地的大豆样品,利用高效液相色谱法对大豆中的大豆异黄酮含量进行检测,分析大豆样品中 6 种大豆异黄酮含量,其中黄豆黄苷在不同产地中含量差异显著($P < 0.05$),大豆苷、染料木苷、大豆苷元、黄豆黄素、染料木素在不同产地中含量差异不显著($P > 0.05$)。导致这种结果的原因可能是:黑龙江省北安和嫩江两大主产地相邻,地域差距不是十分明显;样品采集太少,品种不齐全。后续将多采集一些样品来继续验证产地的溯源指标。

8.2.2 不同产地大豆异黄酮的主成分分析

选取特征值大于 1 的成分作为主成分进行分析。大豆样品中大豆异黄酮的主成分分析结果见表 8 - 3,提取了 2 个有效主成分。第 1 主成分贡献率为 54.442%,第 2 个主成分贡献率为 30.359%。2 个主成分总贡献率达到了 84.801%,达到充分反映原始数据信息的目的。根据大豆异黄酮的主成分分析结果,进行大豆异黄酮主成分特征向量的划分,达到分类的目的,明确了主成分的特征元素。

表 8 - 3 　大豆异黄酮主成分中各单体的特征向量及累计方差贡献率

异黄酮单体	成分矩阵[a]	
	成分	
	1	2
大豆苷	0.859	− 0.432
黄豆黄苷	0.671	− 0.612
染料木苷	0.854	− 0.424
大豆苷元	0.695	0.647
黄豆黄素	0.701	0.348
染料木素	0.612	0.735
方差贡献率/%	54.442	30.359
累计贡献率/%	54.442	84.801

注:提取方法为主成分。

a. 已提取了 2 个成分。

从大豆异黄酮的主成分载荷表 8 - 4 中可以看出,大豆异黄酮单体中的大豆苷、黄豆黄苷、染料木苷含量均在第 1 主成分上载荷较大,即与第 1 主成分的相关程度较高;染料木素、黄豆黄苷和大豆苷元均在第 2 主成分上载荷较大,即与第 2 主成分的相关程度较高。

表 8 - 4 　大豆异黄酮的主成分载荷表

异黄酮单体	成分矩阵	
	主成分	
	1	2
大豆苷	1.157	− 0.020
黄豆黄苷	1.222	− 0.224
染料木苷	1.143	− 0.016
大豆苷元	− 0.219	0.745
黄豆黄素	0.131	0.519
染料木素	− 0.386	0.782

大豆异黄酮两个主成分的特征向量雷达图如图 8 - 1 所示。

根据主成分特征向量雷达图 8 - 1,能直观地看出 2 个主成分中各大豆异黄酮单体成分的分布情况。所以,第 1 主成分综合了大豆苷、黄豆黄苷和染料木苷等异黄酮单体信息。第 2 主成分综合了大豆苷元、黄豆黄素和染料木素等异黄酮单体信息。

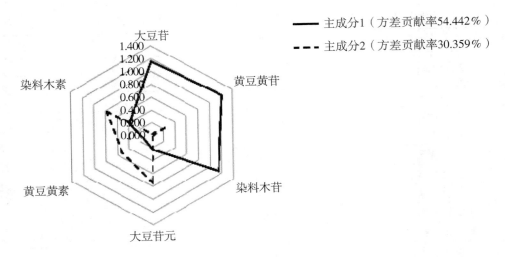

图 8-1　大豆异黄酮两个主成分的特征向量雷达图

利用第 1 主成分和第 2 主成分的标准化得分画图，如图 8-2 所示，北安和嫩江两大产地有几个大豆样品出现交叉现象，大多数的大豆样品均能区分。可见，主成分得分图可以将大豆样品中的多种大豆异黄酮单体特征信息通过综合的方式直观地表现出来。

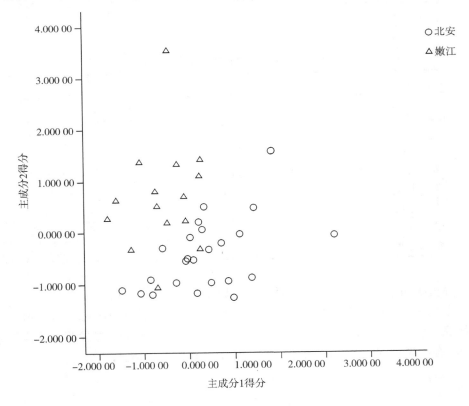

图 8-2　2015 年不同产地大豆主成分得分图

8.2.3 不同产地大豆异黄酮的聚类分析

聚类分析可以将性质相近的归为一类,直接比较大豆之间的性质,将性质差别大的大豆样品归为不同的类。以6种大豆异黄酮单体含量作为变量对不同产地大豆样品进行聚类分析。聚类结果如图8-3。

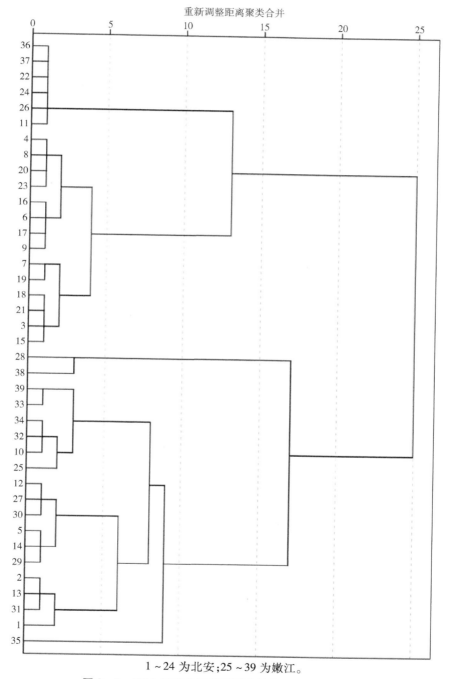

1~24 为北安;25~39 为嫩江。

图 8 - 3 2015 年黑龙江省不同产地大豆的聚类分析图

利用聚类方法 – Ward 连接法进行聚类分析,如图 8 – 3 可知,编号 1 ~ 24 号为 2015 年北安产地大豆样品,编号 25 ~ 39 号为 2015 年嫩江产地大豆样品。当距离标准为 20 时,黑龙江省两个大豆主产地 39 份大豆样品聚成两类,1 类为北安产地,2 类为嫩江产地。其中北安产地有 1/3 大豆样品产地聚类错误,嫩江产地有 1/5 份大豆样品产地聚类错误,但大多数大豆样品能被区分,聚类效果良好,初步表明大豆异黄酮单体特征指标能够有效区分大豆的产地来源。缩小了以往凭借主观判断所引起的误差,使其数据分析更具有客观性。

8.2.4 不同产地大豆异黄酮的判别分析

对 2015 年黑龙江省北安和嫩江不同产地中的大豆样品进行异黄酮含量的检测分析。通过利用大豆中次生代谢物异黄酮单体特征指标分析可以对大豆产地进行判别,判别分类结果如表 8 – 5 所示。

表 8 – 5　2015 年黑龙江省不同产地大豆的判别分类结果

分类结果[b,c]					
		产地	预测组成员		合计
			北安	嫩江	
初始	计数	北安	20	4	24
		嫩江	3	12	15
	占比/%	北安	83.3	16.7	100.0
		嫩江	20.0	80.0	100.0
交叉验证[a]	计数	北安	20	4	24
		嫩江	3	12	15
	占比/%	北安	83.3	16.7	100.0
		嫩江	20.0	80.0	100.0

注:a. 仅对分析中的案例进行交叉验证。在交叉验证中,每个案例都是按照从该案例以外的所有其他案例派生的函数来分类的。

b. 已对初始分组案例中的 82.1% 的样本进行了正确分类。

c. 已对交叉验证分组案例中的 82.1% 的样本进行了正确分类。

由 2015 年黑龙江省不同产地大豆中的大豆异黄酮单体特征指标判别分析的结果可知,通过利用大豆异黄酮次生代谢物特征指标可以对不同的大豆产地进行区分,实现了北安和嫩江大豆产地的判别,正确判别率达到 82.1%。

采用逐步判别法进行大豆产地的判别分析,筛选出大豆异黄酮的主要判别变量,建立判别模型。如分类函数系数表 8 – 6 可知,将大豆苷和黄豆黄苷两种异黄酮单体溯源指标引入方程,所建立的判别模型如下:

模型(1)

$$Y_{北安} = -0.001X_1 + 0.055X_2 - 16.397$$

模型(2)

$$Y_{嫩江} = 0.003X_1 + 0.031X_2 - 11.787$$

表8-6　分类函数系数表

异黄酮单体	分类函数系数	
	产地	
	北安	嫩江
大豆苷(X_1)	-0.001	0.003
黄豆黄苷(X_2)	0.055	0.031
常量	-16.397	-11.787

注:Fisher 的线性判别式函数。

8.2.5　不同产地大豆异黄酮的验证判别分析

验证黑龙江省主产地大豆样品的产地判别分析结果的准确度,除上述分析北安和嫩江39 份大豆样品外,又采集了12 份大豆样品作为判别变量,其中北安大豆样品6 份,嫩江大豆样品6 份。将原有的39 份大豆样品中异黄酮单体含量的数据和作为判别变量的12 份大豆样品中大豆异黄酮单体含量的数据作为一个分组变量,进行验证判别分析,操作步骤同8.2.4,验证判别分类结果如表8-7 所示。

表8-7　2015 年黑龙江省不同产地大豆的验证判别分类结果

		分类结果[b,c]			
		产地	预测组成员		合计
			北安	嫩江	
初始	计数	北安	26	4	30
		嫩江	4	17	21
	%	北安	86.7	13.3	100.0
		嫩江	19.0	81.0	100.0
交叉验证[a]	计数	北安	25	5	30
		嫩江	4	17	21
	%	北安	83.3	16.7	100.0
		嫩江	19.0	81.0	100.0

注:a. 仅对分析中的案例进行交叉验证。在交叉验证中,每个案例都是按照从该案例以外的所有其他案例派生的函数来分类的。

b. 已对初始分组案例中的84.3%的样本进行了正确分类。

c. 已对交叉验证分组案例中的82.4%的样本进行了正确分类。

表8-7 结果,大豆苷和黄豆黄苷两种大豆异黄酮单体特征指标经验证判别分析,发现通过特征指标建立的判别模型可以将北安与嫩江两大产地的大豆样品判别出产地。该模型对北安产地的正确判别率为86.7%,对嫩江产地的正确判别率为81.0%,整体正确判别率为84.3%。交叉验证结果可知,不同产地的整体正确判别率为82.4%,其中北安产地正确判别率为83.3%,即有83.3%的大豆样品被正确识别,嫩江产地正确判别率为81.0%,即有81.0%的大豆样品被正确识别。一般错判率常用来衡量辨别效果,要求错判率小于10%或20%将有应用价值。该模型交叉验证的错判率为17.85%,小于20%,对大豆产地

判别具有良好的效果与应用价值,即证明大豆异黄酮单体中的大豆苷和黄豆黄苷生物特征指标对北安和嫩江两大产地的大豆样品具有很好的判别效果。

虽然大豆样品中异黄酮单体含量差异不是很显著,但通过利用 SPSS 数据处理,系统分析不同产地大豆样品的主成分分析、聚类分析,判别分析均取得良好的效果,在黑龙江省北安和嫩江两个大豆主产地大豆样品中,筛选出大豆苷和黄豆黄苷等异黄酮单体特征指标并对其进行验证判别分析,结果对大豆产地判别的效果较好,正确判别率达 84.3%,交叉验证结果显示,北安和嫩江两个产地有 82.4% 的样品被正确识别,成功区分来源于不同产地的大豆样品。初步证实了利用大豆异黄酮单体特征指标进行大豆产地溯源是可行的。

8.3　本章小结

本章以黑龙江省北安产地和嫩江产地两大主产地的 49 份大豆样品和 12 份大豆样品作为判别变量,其中北安大豆样品 6 份,嫩江大豆样品 6 份,为研究对象,利用改进的色谱条件,对不同产地、不同品种的大豆样品进行测定,结合方差分析、主成分分析、聚类分析、判别分析以及验证判别等化学计量学分析方法,进行溯源指标的筛选,分别探讨了 2015 年黑龙江省不同产地中大豆异黄酮溯源的可行性。考虑年际因素、品种因素、产地因素对大豆中异黄酮单体含量的主效应以及交互作用的影响,结果如下:

(1)通过改进的色谱条进行 2015 年黑龙江省北安和嫩江两个不同产地的大豆样品中6 种大豆异黄酮含量检测,结合化学计量学方法并进行产地判别分析,利用大豆异黄酮特征指标对大豆产地的整体正确判别率为 84.3% 且北安和嫩江两个产地有 82.4% 的大豆样品被正确识别,满足产地判别要求,初步证明根据大豆异黄酮单体特征指标可以进行产地溯源分析。

(2)分析产地、品种、年际的主效应以及各因素间的交互作用对大豆异黄酮单体含量的影响,经化学计量学筛选与产地直接相关的溯源指标,建立有效的判别模型,该模型对北安和嫩江两个大豆产地的正确判别率达到 81.1%,交叉验证结果,两个产地中有 80.3% 的大豆样品被正确识别,证明所筛选的大豆苷、黄豆黄苷和染料木苷等 3 种大豆异黄酮单体特征指标对黑龙江省大豆产地溯源具有有效的判别力。

综上所述,研究利用高效液相色谱法检测大豆异黄酮含量,因异黄酮含量稳定,结果准确性较高,故基于高效液相色谱检测技术进行异黄酮含量的检测,通过大豆异黄酮特征指标构建大豆产地溯源数据库,将有力地促进黑龙江省大豆品牌安全和保护,也对未来的大豆种植和加工行业发展起到促进作用。

9 2016年主产地大豆中异黄酮产地溯源研究

9.1 试 验 条 件

9.1.1 试验材料、试剂及设备

试验材料、试剂及设备见表7－1。

9.1.2 试验方法

1. 样品的采集

北安大豆产地经度为125°54′～128°34′，纬度为47°62′～49°62′，年均日照时数为2 498 h，降水量为521 mm，年均气温为0.78 ℃；嫩江大豆产地经度为124°44′～126°49′，纬度为48°42′～51°00′，年均日照时数为2 682 h，降水量为601 mm，年均气温为3.1 ℃。采集样本时间为2016年10月10日至10月17日，根据经纬度的不同，在黑龙江省两个大豆主产地的北安和嫩江设置22个采样点，每个采样点采集大豆籽粒1～2 kg。其中北安大豆主产地划分13个采样点，品种为黑河43、黑河7号、黑河1号、7623、4404、北豆40、13号、19－2、东升1号、黑河35、华疆2号、北江9－1、北豆29、1001、克山1号、东农48、1734、6055、龙垦332、嫩奥1092、1544、九研4、东富1号、垦丰22、垦豆41、合农95、金源55、垦亚56、丰收25、北豆47、北豆41、黑农67、黑农60、黑河48和黑河30共35个品种，大豆样本数为49份。嫩江大豆主产地划分9个采样点，品种为：有机黑河43、黑河43、嫩奥1092、克山1号、黑河56、黑科56、13－2、云禾666、华疆4号、华疆2号、北豆36和北豆16共12个品种，样本数为27份。共采集76份大豆样品，其中64份大豆为分析样品，12份大豆为验证判别分析样品，常温条件下储存。

2. 预处理方法

样品预处理方法参考7.2.2试验方法中的预处理方法。

3. 提取方法

样品提取方法参考7.2.2试验方法中的提取方法。

4. 测定条件

样品测定条件参考7.2.2试验方法中的测定条件。

9.1.3 数据处理

利用SPSS 19.0软件对2016年黑龙江省两大主产地的大豆样品中6种大豆异黄酮含量数据进行方差分析、主成分分析、聚类分析、判别分析及验证判别分析等化学计量学方法进行分析，具体操作同数据处理方法7.2.3。

9.2　结果与分析

9.2.1　不同产地大豆异黄酮的差异分析

利用高效液相色谱法检测 2016 年黑龙江省北安和嫩江两大主产地的 64 份大豆中 6 种大豆异黄酮单体含量。利用 SPSS 19.0 进行方差分析,结果见表 9 - 1。

表 9 - 1　2016 年黑龙江省不同产地大豆中异黄酮单体含量

单位:mg/g

异黄酮单体	统计分析	北安	嫩江
大豆苷	$\bar{x} \pm s$	$1\,729.85 \pm 442.09^a$	$1\,275.30 \pm 329.69^b$
	R	$872.31 \sim 2622.29$	$579.86 \sim 1\,858.28$
	C·V/%	25.56	25.85
黄豆黄苷	$\bar{x} \pm s$	532.50 ± 148.57^a	408.67 ± 88.20^b
	R	$330.65 \sim 1\,179.33$	$203.24 \sim 550.19$
	C·V/%	27.90	21.58
染料木苷	$\bar{x} \pm s$	$1\,919.66 \pm 495.11^b$	$4\,033.68 \pm 1\,218.61^a$
	R	$976.31 \sim 3\,504.86$	$1\,823.07 \sim 6\,336.78$
	C·V/%	25.79	30.21
大豆苷元	$\bar{x} \pm s$	60.25 ± 22.24^a	37.52 ± 17.06^b
	R	$24.97 \sim 135.32$	$20.06 \sim 87.19$
	C·V/%	36.92	45.48
黄豆黄素	$\bar{x} \pm s$	33.12 ± 22.58^a	6.70 ± 4.62^b
	R	$2.16 \sim 81.25$	$0 \sim 15.13$
	C·V/%	68.16	68.91
染料木素	$\bar{x} \pm s$	42.03 ± 58.27^a	51.40 ± 23.62^a
	R	$10.62 \sim 382.00$	$18.43 \sim 105.77$
	C·V/%	138.65%	45.95%

注:$\bar{x}$ 为均值;s 为标准偏差;R 为变幅;C·V 为变异系数;a,b 表示显著性差异($P < 0.05$)。

由表 9 - 1 可知,大豆苷、黄豆黄苷、染料木苷、大豆苷元、黄豆黄素在北安和嫩江产地中含量差异性显著($P < 0.05$);大豆中大豆异黄酮单体染料木素在北安和嫩江产地中含量差异不显著($P > 0.05$)。其中染料木素单体的变异系数相比其他异黄酮单体的变异系数较大,在北安产地达到138.65%,在嫩江产地达到 45.95%。其余异黄酮单体波动系数不大,说明大豆中异黄酮含量在同一产地不同农场内的异黄酮含量波动较小,异黄酮含量稳定。

9.2.2 不同产地大豆异黄酮的主成分分析

将 2016 年黑龙江大豆两大主产地的大豆异黄酮含量作为因子变量输入到 SPSS 19.0 软件中,进行降维因子分析,得到大豆异黄酮主成分分析结果,如表 9 - 2 所示。

表 9 - 2 大豆异黄酮主成分中各单体的特征向量及累计方差贡献率

成分矩阵[a]		
异黄酮单体	成分	
	1	2
大豆苷	0.784	0.458
黄豆黄苷	0.717	0.441
染料木苷	− 0.410	0.762
大豆苷元	0.620	− 0.236
黄豆黄素	0.670	− 0.323
方差贡献率/%	42.609	22.891
累计贡献率/%	42.609	65.500

注:提取方法为主成分。

已提取了 2 个成分。

由表 9 - 2 结果分析,主成分选取特征值大于 1 的成分,共提取 2 个主成分。第 1 主成分的贡献率为 42.609%,第 2 主成分贡献率为 22.891%,2 个主成分累计贡献率达 65.500%。

由表 9 - 3 可知,大豆异黄酮单体中大豆苷、黄豆黄苷在第 1 主成分上的载荷值比第 2 主成分的载荷值大,而大豆异黄酮单体中染料木苷、大豆苷元和黄豆黄素在第 2 主成分的载荷值较大。结合主成分特征向量雷达图 9 - 1 也可以更加明确地看出两个主成分的特征元素及综合 2 个主成分的信息。第 1 主成分综合了大豆样品中的大豆苷和黄豆黄苷两种异黄酮单体含量信息;第 2 主成分主要综合了染料木苷,大豆苷元和黄豆黄素 3 种异黄酮单体含量信息。主成分分析可以较好地起到反映原始数据的作用。

表 9 - 3 大豆异黄酮的主成分载荷表

成分矩阵		
异黄酮单体	主成分	
	1	2
大豆苷	1.145 94	− 0.091 600
黄豆黄苷	1.073 52	− 0.100 760
染料木苷	0.572 97	0.731 655
大豆苷元	0.206 61	0.393 880
黄豆黄素	0.142 71	0.477 465

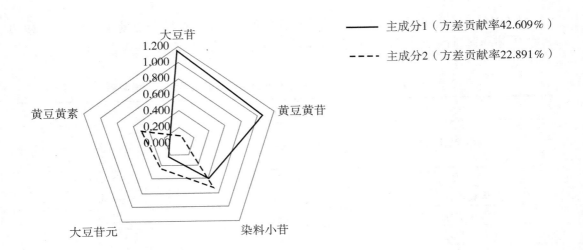

图 9 - 1 大豆异黄酮 2 个主成分的特征向量雷达图

2016 年不同产地主成分得分图如图 9 - 2 所示。

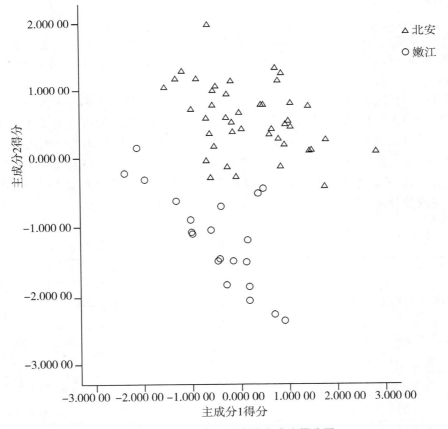

图 9 - 2 2016 年不同产地主成分得分图

从图9-2中可以看出,嫩江产地中有两个大豆样品的分布较接近于北安产地的大豆样品,但是大部分大豆样品均被正确区分且效果明显。可见,主成分得分图可以把大豆样品分布信息更直观地表现出来。

9.2.3　不同产地大豆异黄酮的聚类分析

聚类分析是利用数学的方法按照某种相似性或差异性的指标,定量地确定样本之间的类别关系,并按照这种类别亲疏关系程度对样本进行聚类。用大豆异黄酮单体含量作为变量对不同产地的大豆样品进行聚类分析,聚类结果如图9-3所示。

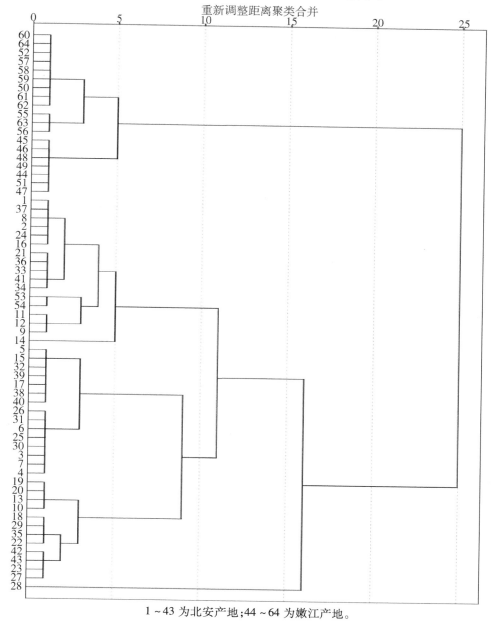

1~43 为北安产地;44~64 为嫩江产地。

图 9 - 3　2016 年黑龙江省不同产地大豆的聚类分析图

由图 9-3 可知,距离为 20 时,64 份大豆样品聚成两大类。北安产地大豆样品全部聚为一类,在嫩江产地的大豆样品中,黑河 56 和黑科 56 两个大豆品种样品聚类错误。聚类效果显著,进一步表明大豆异黄酮特征指标能够有效区分大豆的产地来源。减少了以往人们凭借主观判断所带来的误差,使数据分析更加具有直观性、客观性。

9.2.4 不同产地大豆异黄酮的判别分析

由对黑龙江省北安和嫩江两大主产地的大豆样品中大豆异黄酮含量进行方差分析、主成分分析和聚类分析结果可知,采用大豆异黄酮特征指标分析判别大豆样品产地是可行的。将大豆异黄酮含量指标输入 SPSS 19.0 软件中,进行判别分析,采用逐步判别的方法。得到黑龙江省两大主产地大豆的产地判别分类结果,如表 9-4 所示。

表 9-4 2016 年黑龙江省不同产地大豆的判别分类结果

分类结果[b,c]					
		产地	预测组成员		合计
			北安	嫩江	
初始	计数	北安	43	0	43
		嫩江	0	21	21
	占比/%	北安	100.0	0.0	100.0
		嫩江	0.0	100.0	100.0
交叉验证[a]	计数	北安	43	0	43
		嫩江	0	21	21
	占比/%	北安	100.0	0.0	100.0
		嫩江	0.0	100.0	100.0

注:a. 仅对分析中的案例进行交叉验证。在交叉验证中,每个案例都是按照从该案例以外的所有其他案例派生的函数来分类的。

b. 已对初始分组案例中的 100.0% 的样本进行了正确分类。

c. 已对交叉验证分组案例中的 100.0% 的样本进行了正确分类。

由表 9-4 结果可知,黑龙江省北安的 43 份大豆样品和嫩江的 21 份大豆样品全部判别正确,利用 6 种大豆异黄酮单体含量成功地将黑龙江省两个大豆主产地进行区分,实现了利用大豆异黄酮单体次生代谢物特征指标进行原产地判别,正确判别率达到 100%。

根据表 9-5 可知,对于 2016 年黑龙江省主产地大豆样品中的大豆苷、染料木苷、大豆苷元和黄豆黄素等 4 种大豆异黄酮单体先后被引入到判别模型中,得到的 Fisher 线性判别式函数模型如下:

模型(1)

$$Y_{北安} = 0.0011X_1 - 0.002X_2 + 0.127X_3 + 0.065X_4 - 13.716$$

模型(2)

$$Y_{嫩江} = -0.001X_1 + 0.006X_2 + 0.039X_3 - 0.038X_4 - 13.894$$

表9-5 分类函数系数表

异黄酮单体	分类函数系数	
	产 地	
	北安	嫩江
大豆苷(X_1)	0.011	-0.001
染料木苷(X_2)	-0.002	0.006
大豆苷元(X_3)	0.127	0.039
黄豆黄素(X_4)	0.065	-0.038
常量	-13.716	-13.894

注:Fisher 的线性判别式函数。

9.2.5 不同产地大豆异黄酮的验证判别分析

为更进一步了解异黄酮各单体特征指标对大豆产地判别结果的准确性,将北安和嫩江不同产地大豆样品中的异黄酮单体特征指标进行验证判别分析。除北安和嫩江产地采集的 54 份大豆样品以外,在黑龙江主产地又采集了 12 份大豆样品进行验证判别分析,其中北安产地采集大豆样品 6 份,嫩江产地采集大豆样品 6 份。将原有的 54 份大豆样品中异黄酮单体含量的数据和作为判别变量的 12 份大豆样品中异黄酮单体含量的数据作为一个分组变量,操作方法同 3.3.4。判别分类结果如表 9-6 所示。

表9-6 2016 年黑龙江省不同产地大豆的验证判别分类结果

分类结果[b,c]			预测组成员		合计
		产地	北安	嫩江	
初始	计数	北安	48	1	49
		嫩江	0	27	27
	占比/%	北安	98.0	2.0	100.0
		嫩江	0.0	100.0	100.0
交叉验证[a]	计数	北安	48	1	49
		嫩江	0	27	27
	占比/%	北安	98.0	2.0	100.0
		嫩江	0.0	100.0	100.0

注:a. 仅对分析中的案例进行交叉验证。在交叉验证中,每个案例都是按照从该案例以外的所有其他案例派生的函数来分类的。

b. 已对初始分组案例中的98.7%的样本进行了正确分类。

c. 已对交叉验证分组案例中的98.7%的样本进行了正确分类。

通过该判别模型对大豆样品进行归类,由 2016 年黑龙江省不同产地大豆异黄酮判别结果(表 9 - 6)可知,利用筛选出的 4 种大豆异黄酮单体特征指标,可将北安与嫩江两大产地中的大豆样品成功判别出来,北安产地中有一个大豆样品判别错误,嫩江产地的大豆样品全部归类正确。整体正确判别率为 98.7% 。交叉验证结果发现,北安和嫩江两个产地的正确判别率为 98.7% ,其中北安产地的正确判别率为 98.0% ,即北安有 98.0% 的大豆样品被正确识别,嫩江产地的正确判别率为 100.0% ,即嫩江有 100.0% 的大豆样品被正确识别。该模型的交叉验证错判率为 1.0% ,小于 10% ,判别效果较好,进而得出大豆样品中的大豆苷、染料木苷、大豆苷元以及黄豆黄素等 4 种大豆异黄酮特征指标对北安和嫩江产地的大豆样品具有很好的判别力。

9.3 本 章 小 结

本章对在 2016 年黑龙江省两大主产地采集的 76 份大豆样品进行产地溯源分析。将 6 种大豆异黄酮进行差异分析,结果显示大豆异黄酮单体的大豆苷、黄豆黄苷、染料木苷、大豆苷元、黄豆黄素等 5 种单体含量在两个产地差异显著($P < 0.05$),染料木素单体含量在两个产地无显著差异($P < 0.05$);主成分分析结果显示,大豆异黄酮为特征指标提取了两个有效的主成分。第一主成分由大豆苷和黄豆黄苷两种异黄酮单体构成,第二主成分由染料木苷、大豆苷元和黄豆黄素 3 种异黄酮单体构成;聚类分析得到很好的归类,从而直观地看到样品的分类;通过筛选出来的大豆苷、染料木苷、大豆苷元和黄豆黄素 4 个有效溯源指标引入判别模型中,进行验证判别分析,该模型对产地的整体正确判别率及整体交叉验证的正确判别率均达到了 98.7% 。可以看出,不同产地的异黄酮特征信息有显著差异,具有一定的地域品质特征,利用筛选出大豆中的大豆异黄酮特征指标是对产地判别的一种潜在技术,具有很好的研究价值。

10　2015 年和 2016 年主产地大豆中异黄酮产地溯源综合研究

10.1　试 验 条 件

由 2015 年和 2016 年黑龙江省主产地大豆中异黄酮产地溯源研究发现,两个年际中大豆产地判别率有所变化,为了使筛选出的异黄酮单体特征指标可以更准确地对大豆产地进行判别,构建稳定的判别模型,达到对大豆产地溯源的目的,故本章研究筛选出的产地溯源指标和溯源模型是否与年限、产地、品种等因素有关。选取 2015 年 10 月和 2016 年 10 月采集的黑龙江省两大主产地北安和嫩江的大豆样品进行分析,研究产地、年际和品种及其交互作用等因素对大豆中大豆异黄酮含量的影响,有效地筛选出与产地直接相关的大豆异黄酮单体特征指标,并通过 SPSS 19.0 软件进行主成分分析、聚类分析、判别分析等化学计量学分析,建立黑龙江大豆产地溯源模型并进行验证判别分析。

10.1.1　材料与仪器

1. 材料与试剂

试验应用的材料和试剂见表 7 – 1。

2. 试验仪器

试验应用的仪器见表 7 – 2。

10.1.2　试验方法

1. 样品采集

选择黑龙江省北安和嫩江两大主产地的大豆样品,根据经纬度的不同设计采样点并分别于 2015 年 10 月份和 2016 年 10 月份进行大豆样品的采集,每个采样点收集 1 ~ 2 kg 大豆样品。其中 2015 年 10 月份在北安地区采集 30 份样品,嫩江地区采集 21 份样品,共采集 51 份样品,大豆品种为 23 种。2016 年 10 月在北安地区采集 49 份样品,嫩江地区采集 27 份样品,共采集大豆样品 76 份,采集大豆品种为 44 种。2015 年大豆样品及品种见 7.2.2 试验方法,2016 年大豆样品及品种见 7.3.2 试验方法。

2. 预处理方法

样品预处理方法参考 7.2.2 试验方法中的预处理方法。

3. 提取方法

样品提取方法参考 7.2.2 试验方法中的提取方法。

4. 测定条件

样品测定条件参考 7.2.2 试验方法中的测定条件。

10.1.3　数据处理

利用 SPSS 19.0 软件对 2015 年黑龙江省北安和嫩江两大主产地的大豆样品和 2016 年黑龙江省北安和嫩江两大主产地的大豆样品中 6 种大豆异黄酮含量的数据进行数据统计分析,考察大豆产地、年际、品种以及它们之间的交互作用等因素对大豆异黄酮单体含量的影响,通过化学计量学方法分析筛选出有效的与产地直接相关的产地溯源指标并建立溯源判别模型,具体操作同数据处理方法 7.2.3。数据表创建如图 10 - 1 所示。

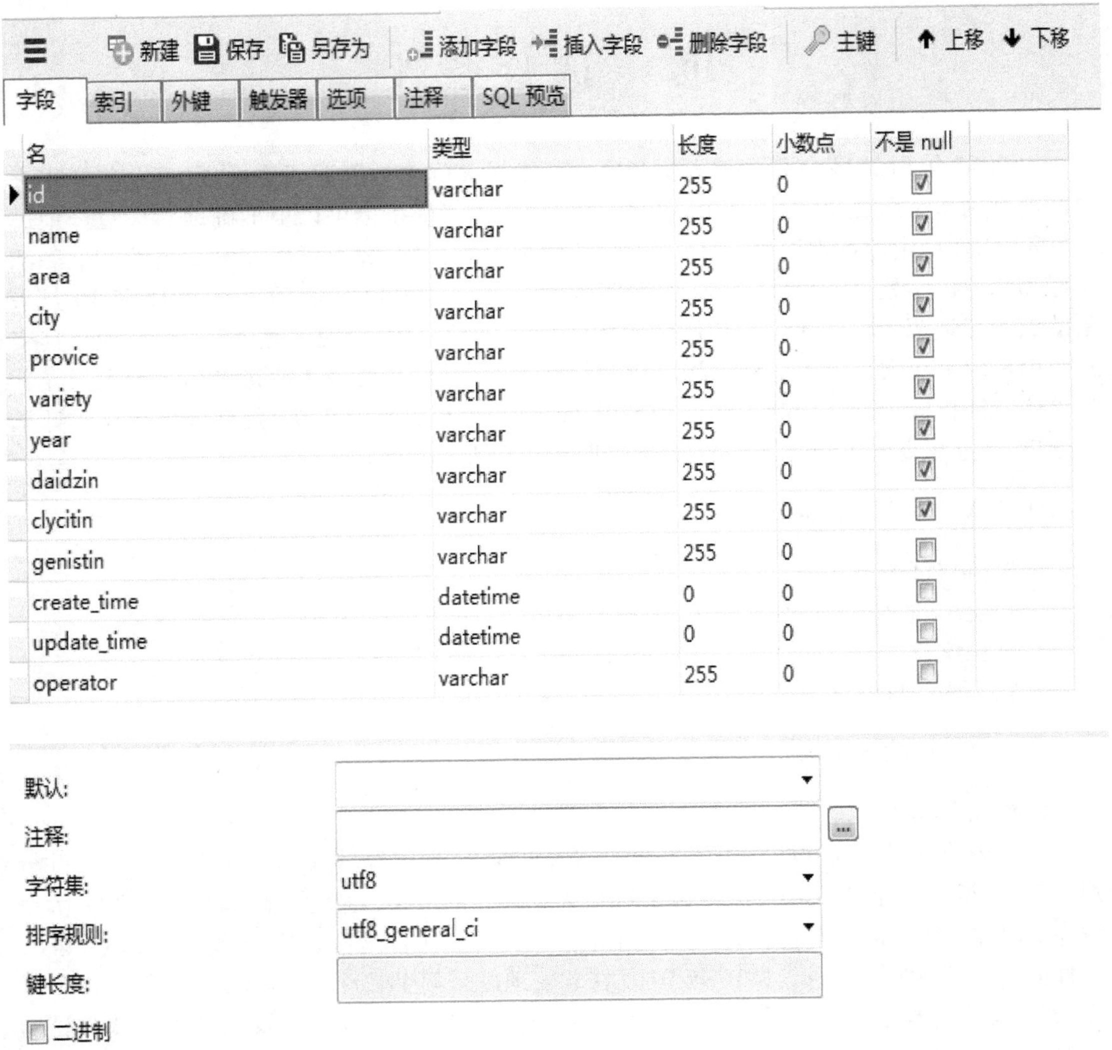

名	类型	长度	小数点	不是 null	
id	varchar	255	0	☑	
name	varchar	255	0	☑	
area	varchar	255	0	☑	
city	varchar	255	0	☑	
provice	varchar	255	0	☑	
variety	varchar	255	0	☑	
year	varchar	255	0	☑	
daidzin	varchar	255	0	☑	
clycitin	varchar	255	0	☑	
genistin	varchar	255	0	☐	
create_time	datetime	0	0	☐	
update_time	datetime	0	0	☐	
operator	varchar	255	0	☐	

默认:	
注释:	
字符集:	utf8
排序规则:	utf8_general_ci
键长度:	

☐二进制

图 10 - 1　数据表创建图

数据表创建完成后,需要进行数据填充,双击数据表打开,将省份、地区、品种、年际、大豆苷含量、黄豆黄苷含量以及染料木苷含量等信息输入到相应的五张表中所对应的位置进行填写,点击保存,数据表构建完成。

10.2　结果与分析

10.2.1　不同产地大豆中异黄酮单体和含量分析

为考察产地因素对大豆异黄酮的地域特征的影响。将选取相同年际,相同品种的北安和嫩江两个不同产地的大豆样品中异黄酮单体含量进行方差分析,研究产地因素对大豆异黄酮含量的影响。不同产地的大豆样品中异黄酮单体含量的平均值和标准偏差见表10-1和表10-2,结果显示,2015年相同品种大豆样品的大豆异黄酮单体中大豆苷含量在北安和嫩江不同产地差异显著($P < 0.05$),黄豆黄苷和染料木苷等单体含量在不同产地差异极显著($P < 0.01$)。2016年相同品种大豆样品的大豆苷、黄豆黄苷、染料木苷、大豆苷元、黄豆黄素和染料木素等6种大豆异黄酮单体含量在北安和嫩江不同产地差异极显著($P < 0.01$)。综合2015年和2016年不同产地来源的大豆异黄酮单体含量差异显著性,可以看出大豆苷、黄豆黄苷以及染料木苷等3种大豆异黄酮单体含量受产地因素影响较大。

表10-1　2015年不同产地来源大豆异黄酮单体含量

单位:μg/g

单体	北安	嫩江
大豆苷	2 411.18 ± 479.05[a]	1 907.99 ± 293.13[b]
黄豆黄苷	631.45 ± 94.61[a]	432.93 ± 72.50[b]
染料木苷	6 422.71 ± 910.23[a]	5 253.51 ± 548.69[b]
大豆苷元	68.09 ± 33.93[a]	59.21 ± 19.24[a]
黄豆黄素	6.59 ± 4.09[a]	5.5 ± 2.05[a]
染料木素	78.23 ± 40.79[a]	74.5 ± 28.98[a]

注:表格中的数值用平均值 ± 标准偏差表示;a,b表示显著性差异($P < 0.05$)。

表10-2　2016年不同产地来源大豆异黄酮单体含量

单位:μg/g

单体	北安	嫩江
大豆苷	1 828.11 ± 225.07[a]	1 161.55 ± 374.21[b]
黄豆黄苷	558.86 ± 221.04[a]	359.49 ± 94.45[b]
染料木苷	1 835.50 ± 357.46[b]	3 664.52 ± 1 391.18[a]
大豆苷元	56.89 ± 14.60[a]	35.30 ± 9.27[b]
黄豆黄素	28.91 ± 19.25[a]	6.24 ± 3.51[b]
染料木素	27.82 ± 13.14[b]	52.66 ± 20.67[a]

注:表格中的数值用平均值 ± 标准偏差表示;a,b表示显著性差异($P < 0.05$)。

对 2015 年和 2016 年黑龙江省北安和嫩江两个大豆主产地的 127 份大豆进行分析研究,考察在相同两个影响因素下,另外一个因素对大豆异黄酮单体含量的影响。结果显示,大豆中的大豆苷、黄豆黄苷和染料木苷等 3 种大豆异黄酮单体含量受产地因素影响差异极显著($P < 0.01$)。

10.2.2　不同品种大豆中异黄酮单体和含量分析

将不同品种的大豆样品中大豆异黄酮含量进行方差分析。选取相同年际,相同产地、不同品种(北豆 42、北汇豆 1 号、黑河 24、北豆 28、黑河 43、黑河 35、克山 1 号、北豆 10、黑河 45 和华疆 4 号)的大豆样品中大豆异黄酮单体含量的平均值和标准偏差见表 10 - 3。结果显示,大豆样品中大豆异黄酮单体的大豆苷、黄豆黄苷、染料木苷以及黄豆黄素在不同品种中含量差异极显著($P < 0.01$),大豆苷元和染料木素等单体含量在不同品种中无显著差异。

对 2015 年和 2016 年黑龙江省北安和嫩江两个大豆主产地的 127 份大豆进行分析研究,结果显示,大豆中大豆异黄酮单体的大豆苷、黄豆黄苷、染料木苷以及黄豆黄素等单体含量受品种因素差异极显著($P < 0.01$)。

10.2.3　不同年际大豆中异黄酮单体和含量分析

研究年际因素对大豆异黄酮单体特征的影响,选择相同产地、相同品种、不同年际的大豆样品中异黄酮单体含量进行方差分析,不同年际的大豆异黄酮单体含量的平均值和标准偏差见表 10 - 4 和表 10 - 5,结果显示,北安产地的相同品种的大豆样品中大豆异黄酮单体大豆苷、染料木苷、黄豆黄素以及染料木素的含量在不同年际差异极显著($P < 0.01$),黄豆黄苷和大豆苷元等单体含量在 2015 年和 2016 年无差异。嫩江产地相同品种的大豆样品中大豆异黄酮单体大豆苷、染料木苷、大豆苷元含量在 2015 年和 2016 年差异极显著,黄豆黄苷、黄豆黄素和染料木素等单体含量在不同年际无显著差异。大豆苷和染料木苷两种单体含量在不同年际中差异极显著,说明不同年际对大豆苷和染料木苷影响较大。

对 2015 年和 2016 年黑龙江省北安和嫩江两个大豆主产地的 127 份大豆进行分析研究,结果显示,大豆苷和染料木苷两种异黄酮单体含量在不同年际中差异极显著($P < 0.01$)。

表 10 – 3　不同品种的大豆样品中异黄酮单体含量

单位：μg/g

品种	大豆苷	黄豆黄苷	染料木苷	大豆苷元	黄豆黄素	染料木素
北汇豆 1 号	1878.26±55.72[c,d]	427.12±43.05[d]	3939.68±1938.86[e]	43.06±1.64[b]	15.49±6.61[a]	37.98±15.32[b]
黑河 43	2411.18±467.06[b,c]	631.45±92.92[b]	6422.71±889.55[b,c,d]	68.09±33.07[a,b]	6.33±4.38[b,c,d]	78.23±40.33[a,b]
黑河 45	1490.18±54.88[d]	449.72±37.65[c,d]	3928.76±188.83[e]	96.02±3.25[a]	12.82±0.84[a]	102.24±4.66[a]
黑河 35	2163.11±33.17[c,d]	579.16±30.86[b,c,d]	6036.83±105.15[b,c,d]	60.85±1.63[a,b]	3.22±0.11[d]	67.85±1.42[a,b]
北豆 42	2931.93±1086.77[b]	782.46±270.16[a]	7201.21±1661.18[b]	77.69±41.62[a,b]	6.27±3.35[b,c,d]	58.11±23.58[a,b]
克山 1 号	1488.35±131.28[d]	495.44±64.68[b,c,d]	5149.89±561.91[d,e]	60.65±31.91[a,b]	5.09±1.62[c,d]	56.76±25.73[a,b]
北豆 28	3874.23±78.24[a]	869.98±6.63[a]	9280.83±176.24[a]	95.91±2.79[a]	11.29±4.09[a,b]	51.74±1.94[a,b]
黑河 24	2279.32±35.39[b,c]	569.14±9.49[b,c,d]	6620.42±90.30[b,c]	56.27±1.49[a,b]	10.96±3.74[a,b,c]	72.96±23.49[a,b]
北豆 10	1987.77±44.76[c,d]	423.35±11.81[d]	5780.34±83.98[c,d]	70.50±0.60[a,b]	11.53±0.91[d]	81.48±0.67[a,b]
华疆 4 号	2407.04±55.84[b,c]	606.90±53.95[b,c]	7020.56±122.14[b,c]	49.70±23.57[b]	6.66±2.59[b,c,d]	48.36±21.22[b]

注：表中的数值用平均值±标准偏差表示；a,b,c,d,e 表示显著性差异（$P<0.01$）。

表 10 - 4　北安产地不同年际的大豆异黄酮单体含量

单位:μg/g

单体	2015 年	2016 年
大豆苷	2 411.18 ± 479.05[a]	1 828.11 ± 225.07[b]
黄豆黄苷	631.45 ± 94.61[a]	558.86 ± 221.04[a]
染料木苷	6 422.71 ± 910.23[a]	1 835.50 ± 357.46[b]
大豆苷元	68.09 ± 33.93[a]	56.89 ± 14.60[a]
黄豆黄素	6.59 ± 4.09[b]	28.91 ± 19.25[a]
染料木素	78.23 ± 40.79[a]	27.82 ± 13.14[b]

注:表中的数值用平均值 ± 标准偏差表示;a,b 表示显著性差异(P < 0.01)。

表 10 - 5　嫩江产地不同年际的大豆异黄酮单体含量

单位:μg/g

单体	2015 年	2016 年
大豆苷	1 907.99 ± 293.13[a]	1 161.55 ± 374.21[b]
黄豆黄苷	432.93 ± 72.50[a]	359.49 ± 94.45[a]
染料木苷	5 253.51 ± 548.69[a]	3 664.52 ± 1391.18[b]
大豆苷元	59.21 ± 19.24[a]	35.30 ± 9.27[b]
黄豆黄素	5.5 ± 2.05[a]	6.24 ± 3.51[a]
染料木素	74.5 ± 28.98[a]	52.66 ± 20.67[a]

注:表中的数值用平均值 ± 标准偏差表示;a,b 表示显著性差异(P < 0.01)。

10.2.4　产地、品种和年际对大豆异黄酮含量的影响分析

利用 SPSS 19.0 软件一般线性模型进行对大豆异黄酮单体含量的多变量分析,即对大豆异黄酮含量单体的主效应和交互效应的方差分析以及分析产地、品种、年际及其它们之间的交互作用对大豆异黄酮单体含量变异的影响,结果如表 10 - 6 显示,产地因素对大豆异黄酮单体中的黄豆黄苷、染料木苷以及黄豆黄素有含量差异极显著的影响(P < 0.01),对大豆异黄酮单体中的大豆苷含量有差异显著的影响(P < 0.05);品种因素对大豆异黄酮单体中的黄豆黄素和染料木素有含量差异极显著的影响(P < 0.01);大豆苷、染料木苷、大豆苷元、黄豆黄素和染料木素等大豆异黄酮单体含量受年际因素影响差异极显著(P < 0.01),大豆异黄酮单体中的黄豆黄苷含量受年际因素影响差异显著(P < 0.05)。

产地因素和品种因素的交互作用对大豆异黄酮单体中的大豆苷含量有差异极显著的影响(P < 0.01);产地因素和年际因素的交互作用对大豆异黄酮单体中的染料木苷和黄豆黄素含量有差异极显著的影响(P < 0.01);品种因素和年际因素的交互作用对大豆异黄酮单体中的黄豆黄素含量有差异极显著的影响(P < 0.01)。以上结果与前人研究各因素对大豆异黄酮含量分析结果相似。

表 10 - 6　产地、品种和年际对大豆异黄酮含量的影响分析表

主体间效应的检验

源	因变量	Ⅲ型平方和	df	均方	F	Sig.	偏 Eta 方
产地	大豆苷	1 759 348.958	1	1 759 348.958	5.545	0.020	0.052
	黄豆黄苷	293 250.312	1	293 250.312	18.204	0.000	0.153
	染料木苷	45 983 058.983	1	45 983 058.983	11.543	0.001	0.103
	大豆苷元	1 717.524	1	1 717.524	1.919	0.169	0.019
	黄豆黄素	6 479.026	1	6 479.026	19.917	0.000	0.165
	染料木素	4 228.402	1	4 228.402	1.813	0.181	0.018
品种	大豆苷	17 638 848.112	48	367 476.002	1.227	0.232	0.522
	黄豆黄苷	680 584.081	48	14 178.835	0.618	0.954	0.354
	染料木苷	234 116 180.192	48	4 877 420.421	1.230	0.230	0.522
	大豆苷元	50 565.598	48	1 053.450	1.370	0.131	0.549
	黄豆黄素	27 819.752	48	579.578	2.718	0.000	0.707
	染料木素	179 386.967	48	3 737.228	3.341	0.000	0.748
年际	大豆苷	10 914 720.505	1	10 914 720.505	48.155	0.000	0.323
	黄豆黄苷	101 329.766	1	101 329.766	5.627	0.020	0.053
	染料木苷	299 758 740.396	1	299 758 740.396	203.783	0.000	0.669
	大豆苷元	7 796.564	1	7796.564	9.340	0.003	0.085
	黄豆黄素	7 065.240	1	7 065.240	22.113	0.000	0.180
	染料木素	21 612.721	1	21 612.721	10.005	0.002	0.090
产地与品种	大豆苷	1 588 564.231	3	529 521.410	5.285	0.004	0.279
	黄豆黄苷	88 841.712	3	29 613.904	1.710	0.180	0.111
	染料木苷	3 922 193.674	3	1 307 397.891	1.642	0.195	0.107
	大豆苷元	182.844	3	60.948	0.083	0.969	0.006
	黄豆黄素	438.231	3	146.077	1.744	0.173	0.113
	染料木素	74.556	3	24.852	0.025	0.995	0.002
产地与年际	大豆苷	2 793.461	1	2 793.461	0.028	0.868	0.001
	黄豆黄苷	1 207.192	1	1 207.192	0.070	0.793	0.002
	染料木苷	20 323 652.560	1	20 323 652.560	25.525	0.000	0.384
	大豆苷元	414.464	1	414.464	0.583	0.457	0.014
	黄豆黄素	621.072	1	621.072	7.417	0.009	0.153
	染料木素	1 682.833	1	1 682.833	1.705	0.199	0.040

主体间效应的检验						
	大豆苷	212 669.373	6	35 444.895	0.354	0.904	0.049
	黄豆黄苷	38 441.981	6	6 406.997	0.370	0.894	0.051
品种与年际	染料木苷	3 064 782.620	6	510 797.103	0.642	0.696	0.086
	大豆苷元	1 124.433	6	187.405	0.255	0.955	0.036
	黄豆黄素	1 680.687	6	280.114	3.345	0.009	0.329
	染料木素	1 260.402	6	210.067	0.213	0.971	0.030

研究分析不同产地、品种、年际以及各因素间的交互作用对大豆异黄酮单体含量的影响,考察其主效应和交互作用。结果显示,大豆中的黄豆黄苷、染料木苷和黄豆黄素等 3 种大豆异黄酮单体含量受产地因素影响差异极显著($P < 0.01$),大豆苷单体含量受产地因素影响差异显著($P < 0.05$)。

10.2.5 与产地直接相关的异黄酮单体主成分分析

综合分析以上建立的不同产地、品种以及年际的试验田研究内容,初步筛选出与产地直接影响较大的大豆苷、黄豆黄苷、染料木苷和黄豆黄素等 4 种大豆异黄酮单体特征指标。将筛选出的异黄酮特征指标进行主成分分析,结果如表 10 - 7 所示。

表 10 - 7 大豆异黄酮主成分中各单体的特征向量及累计方差贡献率

成分矩阵[a]		
异黄酮	成分	
	1	2
大豆苷	0.900	0.273
黄豆黄苷	0.722	0.501
染料木苷	0.816	− 0.417
黄豆黄素	− 0.305	0.875
方差贡献率/%	52.263	31.594
累计贡献率/%	52.263	83.857

注:提取方法为主成分。

　　a. 已提取了 2 个成分。

从大豆异黄酮的 2 个主成分中各单体的特征向量及累计方差贡献率中可知,大豆苷、黄豆黄苷、染料木苷和黄豆黄素均进入了主成分分析中。83.857% 的累计方差贡献率来自前 2 个主成分。其中主成分 1 方差贡献率为 52.263%,主成分 2 方差贡献率为31.594%。

主成分载荷表如表 10 - 8 所示,2 个主成分特征向量雷达图如图 10 - 2 所示。

表 10 - 8　主成分载荷表

异黄酮单体	成分矩阵	
	成分	
	1	2
大豆苷	0.481	- 0.015
黄豆黄苷	0.492	0.184
染料木苷	0.186	- 0.476
黄豆黄素	0.202	0.678

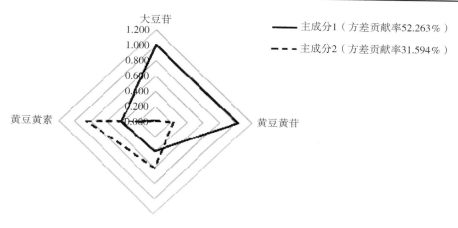

图 10 - 2　2 个主成分特征向量雷达图

从表 10 - 8、图 10 - 2 中可以看出,直接与产地相关的 4 种大豆异黄酮单体中大豆苷和黄豆黄苷在第 1 主成分上载荷较大,说明大豆苷和黄豆黄苷与第 1 主成分的相关程度较高。大豆异黄酮单体中染料木苷和黄豆黄素在第 2 主成分上载荷较大,即染料木苷和黄豆黄素与第 2 主成分的相关程度较高,其中染料木苷在第 2 主成分的载荷绝对值较大,即负相关程度较高。经图表分析可以得出,第 1 主成分为大豆苷和黄豆黄苷,第 2 主成分为染料木苷和黄豆黄素。

根据第 1 主成分和第 2 主成分的标准化得分画图,如图 10 - 3 所示。北安和嫩江两大产地的大豆分布虽然有部分交叉,但可直观地看出,北安和嫩江两产地的大豆样品分布于平面图的两侧,且第 1 主成分和第 2 主成分综合了来源不同产地的大豆样品中的大豆苷、黄豆黄苷、染料木苷和黄豆黄素等 4 种异黄酮单体含量信息。说明通过筛选出的这 4 种异黄酮单体能够较好地将来源于不同产地的大豆样品进行区分,这些异黄酮单体所包含的产地信息能够应用于大豆的产地溯源体系中。可见,主成分分析可以把大豆样品中的多种异黄酮单体的信息通过综合的方式更加直观地展现出来。

通过研究分析不同产地、品种、年际以及各因素间的交互作用对大豆异黄酮单体含量的影响,考察其主效应和交互作用,结果显示,大豆中的黄豆黄素和染料木素等 2 种大豆异黄酮单体含量受品种因素影响差异极显著($P < 0.01$);大豆中的大豆苷、染料木苷、大豆苷元、黄豆黄素和染料木素等 5 种大豆异黄酮单体含量受年际因素影响差异极显

著($P<0.01$),黄豆黄苷含量受年际因素影响差异显著($P<0.05$)。

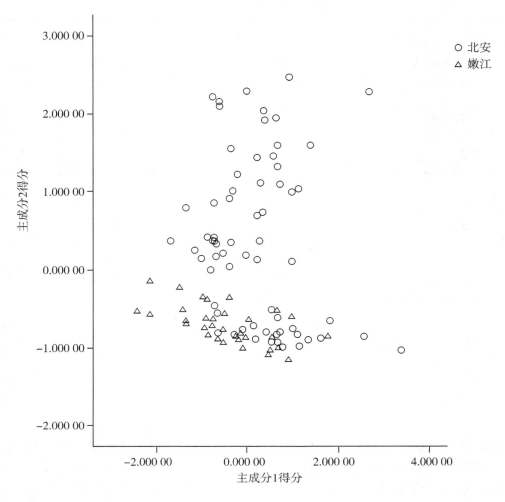

图 10 - 3　不同产地大豆的主成分得分图

10.2.6　与产地直接相关的异黄酮单体聚类分析

利用 SPSS 19.0 软件,对 2015 年和 2016 年来自黑龙江省大豆主产地北安 67 份大豆样品和嫩江 36 份大豆样品共 103 份大豆样品中大豆异黄酮含量进行系统聚类,结果如图 10 - 4 所示。因聚类标准(距离)不同时,其聚类结果也不同。从树状图可以看出,当聚类标准为 10 时,可以将黑龙江省主产地大豆样品分为两大类,第一类为嫩江产地的大豆样品,第二类为北安产地的大豆样品。其中嫩江约有 1/12 的大豆样品归类到北安产地,北安产地的大豆样品约有 3/10 的大豆样品归类到嫩江产地,虽然在聚类分析过程中出现归类错误,但是大多数的大豆样品产地区分正确,取得了较好的效果。

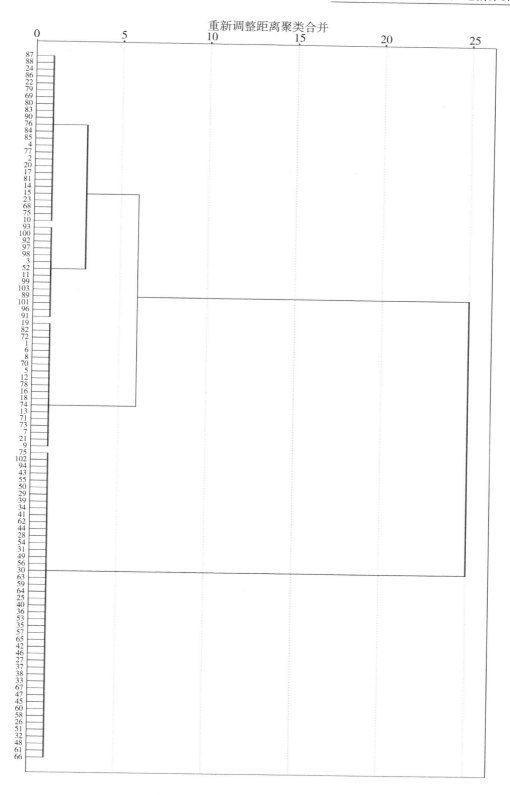

1～67 为北安大豆样品;68～106 为嫩江大豆样品。

图 10－4 不同产地大豆的聚类分析图

10.2.7　与产地直接相关的异黄酮单体判别分析

由对北安和嫩江不同产地来源的大豆样品中异黄酮含量的方差分析和主成分分析的研究结果可知,利用筛选出的大豆苷、黄豆黄苷、染料木苷以及黄豆黄素等 4 种大豆异黄酮单体特征指标进行判别大豆的产地是可行的。为研究各大豆异黄酮单体特征指标对大豆产地的判别效果,将来源于不同产地的有显著性差异的 4 种大豆异黄酮单体进行 Fisher 逐步判别分析,采用步进式方法筛选出对大豆产地溯源有效的变量,来建立产地溯源判别模型。如表 10-9 所示,发现大豆样品中大豆异黄酮单体的大豆苷、黄豆黄苷和染料木苷等 3 种溯源指标先后被引入判别模型中,得到判别模型如表 10-10 所示,判别分类结果如表 10-11 所示。

表 10-9　输入的/删除的变量[a,b,c,d]

步骤	输入的/删除的	Wilks 的 Lambda							
		统计量	df1	df2	df3	精确 F			
						统计量	df1	df2	Sig.
1	黄豆黄素	0.835	1	1	101.000	19.917	1	101.000	0.000
2	黄豆黄苷	0.703	2	1	101.000	21.081	2	100.000	0.000
3	染料木苷	0.622	3	1	101.000	20.069	3	99.000	0.000
4	大豆苷	0.563	4	1	101.000	18.984	4	98.000	0.000
5	黄豆黄素	0.570	3	1	101.000	24.900	3	99.000	0.000

注:在每个步骤中,输入了最小化整体 Wilks 的 Lambda 的变量。

a. 步骤的最大数目是 8。

b. 要输入的最小偏 F 是 3.84。

c. 要删除的最大偏 F 是 2.71。

d. F 级、容差或 VIN 不足以进行进一步计算。

表 10-10　分类函数系数表

异黄酮	分类函数系数	
	产　地	
	北安	嫩江
大豆苷(X_1)	0.004	0.001 0
黄豆黄苷(X_2)	0.028	0.022 0
染料木苷(X_3)	-0.001	0.000 4
常量	-11.214	-7.345 0

注:Fisher 的线性判别函数。

由表 10 - 8 可知,Fisher 的线性判别函数为

模型(1)

$$Y_{北安} = 0.004X_1 + 0.028X_2 - 0.001X_3 - 11.214$$

模型(2)

$$Y_{嫩江} = 0.001X_1 + 0.022X_2 + 0.0004X_3 - 7.345$$

表 10 - 11 不同产地大豆的判别分类结果

分类结果[b,c]			预测组成员		合计
		产地	北安	嫩江	
初始	计数	北安	50	17	67
		嫩江	2	34	36
	占比/%	北安	74.6	25.4	100.0
		嫩江	5.6	94.4	100.0
交叉验证[a]	计数	北安	50	17	67
		嫩江	2	34	36
	占比/%	北安	74.6	25.4	100.0
		嫩江	5.6	94.4	100.0

注:a. 仅对分析中的案例进行交叉验证。在交叉验证中,每个案例都是按照从该案例以外的所有其他案例派生的函数来分类的。

　　b. 已对初始分组案例中的 81.6% 的样本进行了正确分类。

　　c. 已对交叉验证分组案例中的 81.6% 的样本进行了正确分类。

由表 10 - 11 可以看出,通过筛选出的大豆异黄酮单体特征指标,成功地将黑龙江省北安和嫩江两个大豆主产地进行区分。大豆产地的整体正确判别率达 81.6%。实现了利用大豆异黄酮次生代谢物对大豆原产地的判别,具有有效的判别力。

10.2.8 与产地直接相关的异黄酮单体验证判别分析

为进一步考察各大豆异黄酮单体特征指标对大豆产地的判别结果,验证判别分析其准确性。除黑龙江省北安和嫩江产地采集的 103 份大豆样品以外,又采集了 24 份大豆样品作为判别变量,其中北安产地大豆样品采集 12 份,嫩江产地大豆样品采集 12 份。将原有的北安和嫩江产地的 103 份大豆异黄酮含量的数据和作为判别变量的 24 份大豆异黄酮含量的数据定义为一个分组变量,进行验证判别分析,判别分类结果见表 10 - 12。

表 10 – 12　不同产地大豆的判别分类结果

分类结果[b, c]

	产地	预测组成员		合计
		北安	嫩江	
初始	北安	60	19	79
	嫩江	5	43	48
	北安	75.9	24.1	100.0
	嫩江	10.4	89.6	100.0
交叉验证[a]	北安	59	20	79
	嫩江	5	43	48
	北安	74.7	25.3	100.0
	嫩江	10.4	89.6	100.0

注:a. 仅对分析中的案例进行交叉验证。在交叉验证中,每个案例都是按照从该案例以外的所有其他案例派生的函数来分类的。

b. 已对初始分组案例中的81.1%的样本进行了正确分类。

c. 已对交叉验证分组案例中的80.3%的样本进行了正确分类。

由表 10 – 12 可以看出,通过筛选出的大豆异黄酮特征指标,成功地将黑龙江省主产地的大豆样品判别出来,整体正确判别率达 81.1%,判别模型对北安产地的正确判别率为75.9%,对嫩江产地的正确判别率为 89.6%。交叉验证结果显示,北安和嫩江两个大豆产地的整体正确判别率达 80.3%,其中北安产地有 74.7%的大豆样品被正确识别,嫩江产地有 89.6%的大豆样品被正确识别。一般依据错判率来衡量判别模型的判别效果,要求判别模型的错判率小于 10% 或者 20% 才有应用价值。此判别模型交叉验证的错判率为17.85%,小于20%,该结果对大豆产地溯源判别具有应用价值。证明筛选出的大豆异黄酮单体特征指标中大豆苷、黄豆黄苷以及染料木苷对黑龙江省北安和嫩江两大主产地的大豆样品具有有效的判别力。

10.3　本 章 小 结

对 2015 年和2016 年黑龙江省主产地北安和嫩江不同产地的大豆样品进行异黄酮含量检测,结合方差分析、主成分分析、聚类分析、判别分析和验证判别等方法,实现大豆产地的判别,正确判别率和交叉验证的正确判别率均达到 98.7%,进一步证明了大豆异黄酮单体特征指标在判别大豆产地溯源是可行的。

分析产地、品种、年际的主效应以及各因素间的交互作用对大豆异黄酮单体含量的影响,经化学计量学筛选与产地直接相关的溯源指标,建立有效的判别模型,该模型对北安和嫩江两个大豆产地的正确判别率达到 81.1%,交叉验证结果表明,两个产地中有 80.3%的大豆样品被正确识别,证明所筛选的大豆苷、黄豆黄苷和染料木苷等 3 种大豆异黄酮单体特征指标对黑龙江省大豆产地溯源具有有效的判别力。

11　大豆异黄酮产地溯源数据库的构建

为验证所构建的数据库中存储的信息是否准确,首先要对测试系统中用户登录、数据库操作、数据库查询等功能进行检测,查看测试系统的完整性,以方便检测数据库中的信息。

11.1　用户登录测试

对于用户登录测试,将分别使用管理员账号以及普通用户账号进行登录,输入正确时,均可以跳转到相应界面。当用户名、密码输入错误或用户名、密码不输入时,测试系统会出现"用户不存在""密码错误"或"用户名不能为空""请输入密码"等消息提醒弹出框,如图 11 – 1 所示。

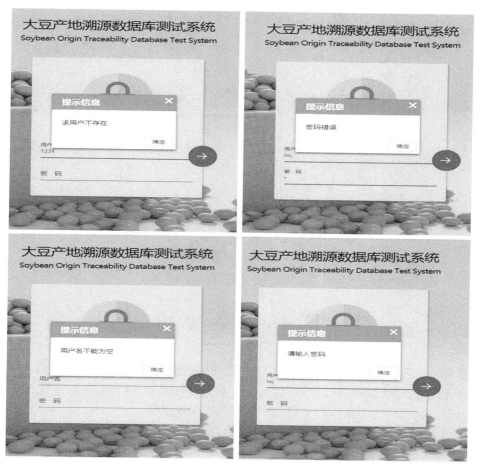

图 11 – 1　输入有误提示界面图

11.2　数据库操作测试

对数据库操作进行测试,分别在产品信息管理和用户信息管理中进行添加、修改或删除大豆样品及用户信息等操作,将用来对数据库检测是否具有随时增添、修改及删除等功能。

11.3　数据库查询验证

为验证所构建的数据库中信息的准确性,将所要查询的大豆样品中已知含量的大豆苷、黄豆黄苷、染料木苷等异黄酮特征信息,通过测试系统的检验对数据库进行验证,观察能否验证判别分析大豆产地。当不是黑龙江省北安和嫩江两大产地的大豆样品时,所输入到系统中的信息,则不会出现大豆产地、品种、年际等溯源信息,测试系统的前台会自动返回查询界面,如图11-2所示。

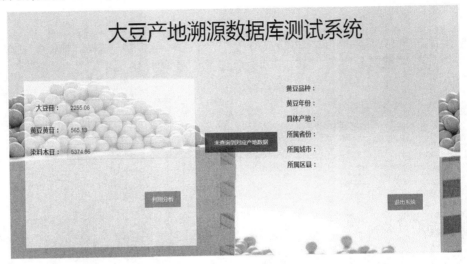

图11-2　查询时错误信息提示图

11.4　本　章　小　结

详细介绍了运用 MySQL 软件对黑龙江大豆产地的数据库构建以及采用的 B/S 结构,以 Java 为开发语言,SSM 框架进行开发,建立测试系统对数据库进行测试,验证数据库的可行性,得到较好的效果,为大豆品质鉴定与产地信息查询提供便利。

通过对大豆异黄酮产地溯源数据库的构建,有效地记录、保存大豆异黄酮特征指标信息,方便管理人员和消费者及时地对大豆内在质量和产地信息的查询,有效地通过特征指标识别大豆真实信息,对大豆内在质量评价和产地溯源具有重要作用。

12　结论与展望

12.1　结　　论

本文以黑龙江省具有代表性的耕整地、播种、施肥、田间管理和收获全程机械化的北安和嫩江两个产地的大豆籽粒及对应的土壤样品为研究对象,探寻了产地溯源的特征指标,建立了完整的溯源模型的理论分析过程,在有机成分分析技术和矿物元素指纹图谱技术及两种技术相结合的基础上对大豆产地溯源进行了深入理论分析和试验研究,得出以下结论。

1. 本书分析了方差分析、主成分分析、聚类分析和判别分析等 4 种方法优缺点,结合试验目的,为了提高判别正确率,得到较理想的产地溯源指标,确定了利用 4 种方法进行逐步分析的试验方案。

2. 通过有机成分分析技术结合多元统计学方法用于大豆产地溯源是一种切实可行的有效方法。利用有机成分建立的判别模型对产地的整体正确判别率及整体交叉检验判别正确率均达到了 86.0%,即大豆样品中有机成分含量在不同产地间存在显著性差异,具有独特的地域品质特征。

3. 利用矿物元素指纹图谱技术结合多元统计学方法用于大豆产地溯源是一种切实可行的有效方法。利用矿物元素指纹图谱技术对两年两个地区大豆产地判别正确率均在93.2% 以上,分析表明 Mg、Mn、Sr、La、Gd、Tb、Hf、Ti 共 8 种矿物元素对嫩江和北安大豆样品具有有效的判别力,是理想的产地溯源指标。说明利用该技术对大豆产地溯源是切实可行的。

(1)对不同产地有显著差异的 Tb、Ir、Ti、Mg、K、V、Mn、Co、Cu、Rb、Sr、Pd、La、Pr、Nd、Sm、Eu、Gd、Dy、Er、Hf 共 21 矿物元素进行 Fisher 逐步判别分析,采用步进式方法,建立判别模型。该模型对两个产地的大豆产地整体正确判别率为 93.2%。交叉验证结果显示,嫩江和北安有 91.3% 的样品被正确识别。交叉检验的错判率为 8.5%,小于 10%,对大豆产地判别具有应用价值。

(2)通过分析发现,As、Ru、Gd 含量在大豆与土壤间呈显著正相关($P < 0.05$),Tb 含量在大豆与土壤间呈极显著正相关($P < 0.01$)。As、Ru、Gd 和 Tb 作为大豆产地溯源的有效溯源指标是切实可行的,可用其创建溯源模型。对与土壤直接相关的元素进行产地溯源研究,对验证集北安和嫩江大豆样品产地的正确判别率分别为 98.3%,98.7%,产地正确判别率均达到 95.0% 以上。

4. 分析表明,Mn、As、Sr、La、Nd、Tb、Hf、蛋白质、脂肪和可溶性总糖共 10 种特征指标作为大豆产地溯源的有效指标是切实可行的。采用逐步判别分析建立了 10 种特征指标(Mn、As、Sr、La、Nd、Tb、Hf、蛋白质、脂肪和可溶性总糖)的产地判别模型,该验证模型对嫩江和北安大豆主产地整体的交叉检验正确判别率为92.9%。而结合线性判别分析的维度规约和支持向量机进行大豆产地预测,得到的准确率为94.6%,优于线性判别模型的92.9%。说明结合线性判别分析的维度规约和支持向量机进行大豆产地判别方法是有效的,能够提高分类器的泛化能力,同时也为实际生产应用提供了重要的理论参考。

5. 采用EF网页框架搭建了基于MVC模式的系统,并设计了大豆矿物元素及有机成分数据库,方便系统的调用和用户的使用。以Mn、La、Tb、Nd、Hf、Sr、As、蛋白质、脂肪和可溶性总糖10个指标作为特征向量,使用结合线性判别分析的支持向量机产地判别方法,利用2015年和2016年数据作为训练集,2014年的数据作为验证集,正确判别率为97.5%,优于线性判别模型的90.0%,取得了较好的判别效果,具有一定的实际应用价值。

6. 通过改进的高效液相色谱条件同时检测六种大豆异黄酮单体含量为产地溯源提供了技术思路,且改进方法的线性关系、精密度、稳定性、准确度、灵敏度均较好,满足分析方法学评价的要求及大豆中6种异黄酮单体同时检测的要求,该色谱条件可以在产地溯源中应用于大豆异黄酮单体含量的检测。

7. 利用改进的色谱条对2015年黑龙江省北安和嫩江两个不同产地的大豆样品中6种大豆异黄酮含量进行检测,结合化学计量学方法并进行产地判别分析,利用大豆异黄酮特征指标对大豆产地的整体正确判别率为84.3%且北安和嫩江两个产地有82.4%的大豆样品被正确识别,满足产地判别要求,初步证明根据大豆异黄酮单体特征指标可以进行产地溯源分析。

8. 对2016年黑龙江省主产地北安和嫩江不同产地的大豆样品进行异黄酮含量检测,结合方差分析、主成分分析、聚类分析、判别和验证判别等化学计量学方法分析,实现大豆产地的判别,正确判别率和交叉验证的正确判别率均达到98.7%,进一步证明了大豆异黄酮单体特征指标在判别大豆产地溯源是可行的。

9. 分析产地、品种、年际的主效应以及各因素间的交互作用对大豆异黄酮单体含量的影响,经化学计量学筛选与产地直接相关的溯源指标,建立有效的判别模型,该模型对北安和嫩江两个大豆产地的正确判别率达到81.1%,交叉验证结果表明,两个产地中有80.3%的大豆样品被正确识别,证明所筛选的大豆苷、黄豆黄苷和染料木苷等3种大豆异黄酮单体特征指标对黑龙江省大豆产地溯源具有有效的判别力。

10. 通过对大豆异黄酮产地溯源数据库的构建,有效地记录、保存大豆异黄酮特征指标信息。方便管理人员和消费者及时地对大豆内在质量和产地信息的查询,有效地通过特征指标识别大豆真实信息,对大豆内在质量评价和产地溯源具有重要作用。

12.2 创 新 点

(1)揭示了产地、品种、年际与有机成分和矿物元素之间呈现不同的显著性关系,以及产地和年际的交互作用对大豆中可溶性糖和灰分含量影响极显著,对大豆中蛋白质含量影响显著。

(2)发现了大豆有机成分辅助矿物元素的10种特征指标(Mn、As、Sr、La、Nd、Tb、Hf、蛋白质、脂肪和可溶性总糖)对产地溯源的有效性。

(3)创新构建了基于支持向量机的大豆产地判别方法,设计开发了一套产地判别溯源系统,系统判别正确率达到97.5%。

(4)建立大豆异黄酮乙醇提取液的高效液相色谱检测方法,满足分析方法学评价的要求及大豆中6种异黄酮单体同时检测的要求,为改进大豆中异黄酮的检测方法提供了参考。

(5)利用大豆异黄酮特征指标进行产地溯源,为今后次生代谢产物进行产地溯源提供参考。

12.3　展　　望

(1)今后,随着大豆行业回暖,应该逐渐扩大采用统一耕整地、播种施肥、田间管理和收获环节等全程机械化作业模式的适于产地溯源地块的大豆及土壤取样范围,使试验数据覆盖到全省,进一步验证和完善产地溯源系统。

(2)还应进一步考虑开展多种技术在大豆溯源评价中的应用,如红外光谱、DNA 指纹图谱和同位素等,并构建大豆产地判别识别系统。

参 考 文 献

［1］ 周艳，邹学敏，王维芬，等. 不同产地大豆与绿豆中异黄酮及矿物质含量的分析［J］.
微量元素与健康研究，2011，28（3）：37－39.

［2］ 沈丹萍. 不同产地大豆中矿质元素及异黄酮含量分析［D］. 苏州：苏州大学，2014.

［3］ 张海军，王英，苏连泰，等. 东北地区栽培大豆品种籽粒异黄酮含量分析及不同测定
方法优化比较［J］. 大豆科学，2011，30（6）：979－986.

［4］ KIM E H, RO H M, KIM S L, et al. Analysis of isoflavone, phenolic, soyasapogenol,
and tocopherol compounds in soybean ［ Glycine max （L.） Merrill］ germplasms of
different seed weights and origins［J］. Journal of Agricultural & Food Chemistry, 2012,
60（23）：6045－6055.

［5］ KIM J K, KIM E H, PARK I, et al. Isoflavones profiling of soybean ［ Glycine max,
（L.） Merrill］ germplasms and their correlations with metabolic pathways ［J］. Food
Chemistry, 2014, 153（9）：258－264.

［6］ 陈寒青，金征宇. 我国不同产地红车轴草异黄酮含量的测定［J］. 天然产物研究与开
发，2007，19（4）：631－634

［7］ SUZUKI Y, CHIKARAISHI Y, OGAWA N O, et al. Geographical origin of polished rice
based on multiple element and stable isotope analyses［J］. Food Chemistry, 2008,
109（2）：470－475.

［8］ SUZUKI Y, AKAMATSU F, NAKASHITA R, et al. Characterization of Japanese polished
rice by stable hydrogen isotope analysis of total fatty acids for tracing regional origin. ［J］.
Analytical Sciences the International Journal of the Japan Society for Analytical Chemistry,
2013, 29（1）：143－146.

［9］ KORENAGAT, MUSASHI M, NAKASHITA R, et al. Statistical analysis of rice samples
for compositions of multiple light elements （H, C, N, and O） and their stable isotopes
［J］. Analytical Sciences, 2010, 26（8）：873－878.

［10］ HORACEK M, MIN J S. Discrimination of Korean beef from beef of other origin by stable
isotope measurements［J］. Food Chemistry, 2010, 121（2）：517－520.

［11］ BRESCIA M A, CALDAROLA V, BUCCOLIERI G, et al. Chemometric determination
of the geographical origin of cow milk using ICP-OES data and isotopic ratios：A
preliminary study ［J］. Italian Journal of Food Science, 2003, 15（3）：329－336.

［12］ FEDERICA C, LUANA B, MATTEO P, et al. Stable isotope ratio analysis for assesing the
authenticity of food of animal origin［J］. Comprehensive Reviews in Food Science and
Food Safety, 2016, 15（5）：867－877.

［13］ SUZUKI Y, NAKASHITA R, KOBE R, et al. Tracing the geographical origin of
Japanese （Aomori Prefecture）and Chinese apples using stable carbon and oxygen isotope

analyses[J]. Nippon Shokuhin Kagaku Kogaku Kaishi, 2012, 59(2): 69 – 75.

[14] BONTEMPO L, CAMIN F, MANZOCCO L, et al. Traceability along the production chain of Italian tomato products on the basis of stable isotopes and mineral composition [J]. Rapid Communications in Mass Spectrometry, 2011, 25(7): 899.

[15] MIHAILOVA A, PEDENTCHOUK N, KELLY S D. Stable isotope analysis of plant-derived nitrate-novel method for discrimination between organically and conventionally grown vegetables [J]. Food Chemistry, 2014, 154(1): 238 –245.

[16] SCAMPICCHIO M, MIMMO T, CAPICI C, et al. Identification of milk origin and process-induced changes in milk by stable isotope ratio mass spectrometry [J]. Journal of Agricultural & Food Chemistry, 2012, 60(45):11268 –11273.

[17] 公维民, 马丽娜, 王飞, 等. 我国大米碳氮稳定同位素比率特征及溯源应用[J]. 农产品质量与安全, 2019(4):9 – 12,40.

[18] CHEN T, YAN Z, ZHANG W, et al. Variation of the light stable isotopes in the superior and inferior grains of rice (Oryza sativa, L.) with different geographical origins[J]. Food Chemistry, 2016, 209: 95 –98.

[19] 王磊. 牛乳稳定同位素分布特征及其应用研究[D]. 天津:天津科技大学, 2014.

[20] KOVáCS Z, DALMADI I, LUKáCS L, et al. Geographical origin identification of pure Sri Lanka tea infusions with electronic nose, electronic tongue and sensory profile analysis[J]. Journal of Chemometrics,2010,24(3 –4):121 –130.

[21] CYNKAR W, DAMBERGS R, SMITH P, et al. Classification of Tempranillo wines according to geographic origin: Combination of mass spectrometry based electronic nose and chemometrics[J]. Analytica Chimica Acta, 2010, 660(1 –2):227 –231.

[22] CELLINI A , BIONDI E , BLASIOLI S , et al. Early detection of bacterial diseases in apple plants by analysis of volatile organic compounds profiles and use of electronic nose[J]. Annals of Applied Biology, 2016, 168(3):409 –420.

[23] 曹森, 赵成飞, 马风伟, 等. 基于电子鼻和 GC – MS 评价不同采收期天麻的芳香品质[J]. 北方园艺, 2019(19):87 – 94.

[24] TAN E S, SLAUGHTER D C, THOMPSON J F. Freeze damage detection in oranges using gas sensors[J]. Postharvest Biology and Technology, 2005, 35(2): 177 –182.

[25] 曾金红, 江涛, 郑云峰, 等. 基于仿生嗅觉特征的黄酒产地判别研究 [J]. 酿酒科技, 2012(2): 14 – 17.

[26] 苗志伟,刘玉平,陈海涛,等.两种阵酿期山西老陈醋挥发性成分分析[J].食品科学, 2010(24):380 – 384.

[27] 赵宁, 魏新元, 樊明涛, 等. SPME-GC-MS 结合电子鼻技术分析不同品种猕猴桃酒香气物质[J]. 食品科学 2019,40(22):249 – 255.

[28] 范霞, 陈荣顺. SPME/GC – MS 法结合电子鼻技术测定茶叶中的香气成分[J]. 检验检疫学刊, 2019, 29(002):1 – 6,12.

[29] 裴高璞, 史波林, 赵镭, 等. 典型掺假蜂蜜的电子鼻信息变化特征及判别能力[J]. 农业工程学报, 2015, 31(S1): 325 – 331.

[30] 叶蔺霜, 王俊. 电子鼻技术在花生储藏期品质变化检测中的应用[C]. 第八届长三

角科技论坛——农业机械化分论坛,2011.

[31] 赵策,马飒飒,张磊,等. 基于电子鼻技术的皇冠梨腐败等级分类研究[J].食品工业科技,2020(3):246 – 258.

[32] ALASALVAR C, ODABASI A Z, DEMIR N. Volatiles and flavor of five Turkish hazelnut varieties as evaluated by descriptive sensory analysis, electronic nose, and dynamic headspace analysis/gas chromatography-mass spectrometry[J]. Journal of Food Science, 2004,69(3):99 – 106.

[33] 袁建,付强,高瑀珑,等.顶空固相微萃取 – 气质联用分析不同储藏条件下小麦粉挥发性成分变化[J].中国粮油学报,2012,27(04):106 – 109.

[34] AYERZA R, COATES W. Protein content, oil content and fatty acid profiles as potential criteria to determine the origin of commercially grown chia (Salvia hispanica L.)[J]. Industrial Crops & Products, 2011,34(2): 1366 – 1371.

[35] JEON H, KIM I H, CHAN L, et al. Discrimination of origin of sesame oils using fatty acid and lignan profiles in combination with canonical discriminant analysis[J]. Journal of the American Oil Chemists Society,2013, 90(3): 337 – 347.

[36] MOLKENTIN J, LEHMANN I, OSTERMEYER U, et al. Traceability of organic fish-authenticating the production origin of salmonids by chemical and isotopic analyses[J]. Food Control, 2015, 53(12): 55 – 66.

[37] GIOACCHINI A M, MENOTTA M, GUESCINI M, et al. Geographical traceability of Italian white truffle (Tuber magnatum Pico) by the analysis of volatile organic compounds[J]. Rapid Communications in Mass Spectrometry: An International Journal Devoted to the Rapid Dissemination of Up-to-the-Minute Research in Mass Spectrometry, 2008, 22(20): 3147 – 3153.

[38] CAJKA T, RIDDELLOVA K, KLIMANKOVA E, et al. Traceability of olive oil based on volatiles pattern and multivariate analysis [J]. Food Chemistry, 2010, 121(1): 282 – 289.

[39] CAJKA T, HAJSLOVA J, PUDIL F, et al. Traceability of honey origin based on volatiles pattern processing by artificial neural networks[J]. Journal of Chromatography A, 2009, 1216(9): 1458 – 1462.

[40] DIRAMAN H, SAYGI H, HISIL Y. Geographical classification of Turkish virgin olive oils from the Aegean region for two harvest years based on their fatty acid profiles [J]. Journal of the American Oil Chemists Society, 2011, 88(12): 1905 – 1915.

[41] LONGOBARDI F, VENTRELLA A, CASIELLO G, et al. Characterisationof the geographical origin of Western Greek virgin olive oilsbased on instrumental and multivariate statistical analysis [J]. Food Chemistry, 2012, 133(1): 169 – 175.

[42] JIN H L, CHOUNG M G. Comparison of nutritional components in soybean varieties with different geographical origins[J]. Journal of the Korean Society for Applied Biological Chemistry, 2011, 54(2): 254 – 263.

[43] NESCATELLI R, BONANNI R C, BUCCI R, et al. Geographical traceability of extra virgin olive oils from Sabina PDO by chromatographic fingerprinting of the phenolic

fraction coupled to chemometrics [J]. Chemometrics & Intelligent Laboratory Systems, 2014, 139: 175 - 180.

[44] GEANA E I, MARINESCU A, IORDACHE A M, et al. Differentiation of Romanian wines on geographical origin and wine variety by elemental composition and phenolic components[J]. Food Analytical Methods, 2014, 7(10): 2064 - 2074.

[45] LONGOBARDI F, CASIELLO G, SACCO D, et al. Characterisation of the geographical origin of Italian potatoes, based on stable isotope and volatile compound analyses [J]. Food Chemistry, 2011, 124(4): 1708 - 1713.

[46] CASTRO-VÁZQUEZ L, DÍAZ-MAROTO M C, TORRES C D, et al. Effect of geographical origin on the chemical and sensory characteristics of chestnut honeys [J]. Food Research International, 2010, 43(10):2335 - 2340.

[47] 范文来, 徐岩. 应用 GC - FID 和聚类分析比较四川地区白酒原酒与江淮流域白酒原酒[J]. 酿酒科技, 2007, 11: 75 - 78.

[48] 石明明, 唐欣, 李晓, 等. 陕西省不同产地绿茶中 6 种活性成分含量的比较 [J]. 食品科学, 2013, 34(8): 232 - 235.

[49] 马奕颜, 郭波莉, 魏益民, 等. 猕猴桃有机成分产地指纹特征及判别分析 [J]. 中国农业科学, 2013, 46(18): 3864 - 3870.

[50] 程碧君. 基于脂肪酸指纹分析的牛肉产地溯源研究 [D]. 北京:中国农业科学院, 2012.

[51] 罗珊, 康玉凡, 濮绍京, 等. 黑河地区 55 份大豆品种资源农艺性状和营养成分的聚类分析[J]. 大豆科学, 2009, 28(3):421 - 425.

[52] 常鑫. 不同品种大豆的品质检测及大豆数据库的建立 [D]. 长春:吉林农业大学, 2013.

[53] 邱强, 刘宪虎, 张伟, 等. 吉林省不同大豆品种脂肪和蛋白质含量生态分析[J]. 大豆科学, 2012, 31(5): 749 - 752.

[54] BAXTER M J, CREWS H M, DENNIS M J, et al. The determination of the authenticity of wine from its trace element composition [J]. Food Chemistry, 1997, 60: 443 - 450.

[55] RODRIGUES S M, OTERO M, ALVES A A, et al. Elemental analysis for categorization of wines and authentication of their certified brand of origin [J]. Journal of Food Composition & Analysis, 2011, 24(4 - 5): 548 - 562.

[56] YASUI A, SHINDOH K. Determination of the geographic origin of brown-rice with trace-element composition [J]. Bunseki Kagaku, 2000, 49(6): 405 - 410.

[57] KELLY S, BAXTER M, CHAPRNAN S, et al. The application of isotopic and elemental analysis to determine the geographical origin of premium long grain rice[J]. European Food Resource and Technology, 2002, 214:72 - 78.

[58] ANDERSON K A, SMITH B W. Chemical profiling to differentiate geographic growing origins of coffee. [J]. Journal of Agricultural & Food Chemistry, 2002, 50 (7): 2068 - 2075.

[59] BRANCH S, BURKE S, EVANS P, et al. A preliminary study in determining the geographical origin of wheat using isotope ratio inductively coupled plasma mass

spectrometry with 13C, 15N mass spectrometry ［J］. Journal of Analytical Atomic Spectrometry, 2003,18:17 – 22.

［60］ PILLONEL L, BADERTSCHER R, FROIDEVAUX P, et, al. Stable isotope rations, major, trace and radioactive elements in emmental cheeses of different origins［J］. LWF-Food Science and Technology, 2003, 36(6):615 – 623.

［61］ MARÍA P F, RUTH C A, FABIO V, et al. Evaluation of elemental profile coupled to chemometrics to assess the geographical origin of Argentinean wines［J］. Food Chemistry, 2010, 119(1):372 – 379.

［62］ PILGRIM T S,WATLING R T,GRICE K. Application of trace element and stable isotope signatures to determine the provenance of tea (Camellia sinensis) samples［J］. Food Chemistry, 2010, 118(4):921 – 926.

［63］ LLORENT-MARTINEZ E J, ORTEGA-BARRALES P, FERNANDEZ-DE CORDOVA M L, et al. Investigation by ICP-MS of trace element levels in vegetable edible oils produced in Spain ［J］. Food Chemistry, 2011, 127(3):1257 – 1262.

［64］ CHUDZINSKA M, BARALKIEWICZ D. Application of ICP-MS method of determination of 15 elements in honey with chemometric approach for the verification of their authenticity ［J］. Food & Chemical Toxicology, 2011, 49(11): 2741 – 2749.

［65］ HUSTED S, MIKKKELSEN B F, JENSEN J, et al. Elemental fingerprint analysis of barley (Hordeum vulgare) using inductively coupled plasma mass spectrometry, isotope-ratio mass spectrometry, and multivariate statistics［J］. Anal Bioanal Chem, 2004, 378: 171 – 182.

［66］ BRUNNER M, KATONA R, STEFÁNKA Z, et al. Determination of the geographical origin of processed spice using multielement and isotopic pattern on the example of Szegedi paprika ［J］. European Food Research and Technology, 2010, 231 (4): 623 – 634.

［67］ FURIA E, NACCARATO A, SINDONA G, et al. Multielement fingerprinting as a tool in origin authentication of PGI food products: Tropea red onion. ［J］. Journal of Agricultural & Food Chemistry, 2011, 59(15): 8450 – 8457.

［68］ JIANG S L, WU J G,THANG N B,et al. Genotypic variation of mineral elements contents in rice (Oryza sativa,L.) ［J］. European Food Research & Technology,2008,228(1): 115 – 122.

［69］ CAMARGO A B, RESNIZKY S, MARCHEVSKY E J, et al. Use of the Argentinean garlic (Allium sativum L.) germplasm mineral profile for determining geographic origin ［J］. Journal of Food Composition & Analysis, 2010, 23(6):586 – 591.

［70］ HEATON K, KELLY S D, HOOGEWERFF J, et al. Verifying the geographical origin of beef:The applicationof multi-element isotope and trace element analysis ［J］. Food Chemistry,2008,107(1): 506 – 515.

［71］ BONTEMPO L, CAMIN F, MANZOCCO L, et al. Traceability along the production chain of Italian tomato products on the basis of stable isotopes and mineral composition［J］. Rapid Communications in Mass Spectrometry, 2011, 25(7): 899 – 909.

[72] 刘宏程，林昕，和丽忠，等. 基于稀土元素含量的普洱茶产地识别研究[J]. 茶叶科学，2014，34(5)：451 – 457.

[73] 赵芳，林立，孙翔宇，等. 基于稀土元素指纹分析识别葡萄酒原产地[J]. 现代食品科技，2015，31(2)：261 – 267.

[74] 马威，张介眉，涂欣，等. 不同产地葱元素含量差异及 Fisher 判别分析[J]. 湖北中医药大学学报，2010，12(3)：25 – 28.

[75] 黄小龙，何小青，张念，等. ICP – MS 法测定多种微量元素用于地理标志产品苹果的鉴定[J]. 食品科学，2010，08：171 – 173.

[76] 赵海燕，郭波莉，张波，等. 小麦产地矿物元素指纹溯源技术研究[J]. 中国农业科学，2010，43(18)：3817 – 3823.

[77] 唐建阳，陈菁瑛，苏海兰，等. 不同基源和产地麦冬无机元素比较研究[J]. 福建农业学报，2009，24(6)：513 – 516.

[78] 朱芳坤，汤长青，曲黎. 不同产地芡实中 8 种无机元素含量比较研究[J]. 光谱实验室，2010，27(4)：1432 – 1435.

[79] 龚自明，王雪萍，高士伟，等. 矿物元素分析判别绿茶产地来源研究[J]. 四川农业大学学报，2012，30(4)：429 – 433.

[80] 万婕，刘成梅，刘伟，等. 电感耦合等离子体原子发射光谱法分析不同产地大豆中的矿物元素含量[J]. 光谱学与光谱分析，2010，30(2)：543 – 545.

[81] JIN H L, CHOUNG M G. Comparison of nutritional components in soybean varieties with different geographical origins[J]. Journal of the Korean Society for Applied Biological Chemistry, 2011, 54(2): 254 – 263.

[82] TEPAVČEVIĆ V, ATANACKOVIĆ M, MILADINOVIĆ J, et al. Isoflavone composition, total polyphenolic content, and antioxidant activity in soybeans of different origin[J]. Journal of Medicinal Food, 2010, 13(3): 657 – 664.

[83] 戴玲，叶惠煊，邹亲朋，等. 湘葛一号根 HPLC 指纹图谱及 5 种异黄酮含量的同时测定[J]. 西北药学杂志，2016，31(3)：239 – 244.

[84] 石荣，王少云，姜维林，等. 大豆总异黄酮 HPLC 指纹图谱研究[J]. 中草药，2006，36(2)：202 – 205.

[85] 马鸿雁，周婉珊，褚夫江，等. 苦参中黄酮类成分的高效液相指纹图谱及 5 种成分的含量测定[J]. 中国中药杂志，2013，38(16)：2690 – 2695.

[86] 张秋红，王志刚. 黄芪中黄酮类成分 HPLC 指纹图谱及聚类分析[J]. 临床医学工程，2012，19(6)：975 – 977.

[87] COZZOLINO D. An overview of the use of infrared spectroscopy and chemometrics in authenticity and traceability of cereals[J]. Food Research International, 2014, 60(6): 262 – 265.

[88] GIANNETTI V, MARIANI M B, MANNINO P, et al. Volatile fraction analysis by HS-SPME/GC-MS and chemometric modeling for traceability of apples cultivated in the Northeast Italy[J]. Food Control, 2017, 78: 215 – 221.

[89] DE R E, SCHOORL J C, CERLI C, et al. The use of $\delta^2 H$ and $\delta^{18} O$ isotopic analyses combined with chemometrics as a traceability tool for the geographical origin of bell

peppers[J]. Food Chemistry, 2016, 204: 122 – 128.

[90] 孙淑敏. 羊肉产地指纹图谱溯源技术研究[D]. 咸阳:西北农林科技大学, 2012.

[91] 夏立娅. 大米产地特征因子及溯源方法研究[D]. 保定:河北大学, 2013.

[92] 马剑伟, 刘涛, 周宏伟, 等. 一种基于 Mahalanobis 距离和主成分分析的电子鼻信号预处理方法[J]. 电脑知识与技术, 2010, 6(7):1699 – 1700.

[93] 张素莉, 潘欣. 一种新颖的基于马氏距离的文本分类方法的研究[J]. 长春工程学院学报(自然科学版), 2011, 12(2):102 – 105.

[94] 宫凤强, 李夕兵. 距离判别分析法在岩体质量等级分类中的应用[J]. 岩石力学与工程学报, 2007, 26(1):190 – 193.

[95] 刘在涛, 王栋梁, 张维佳, 等. 基于贝叶斯判别分析的地震应急响应等级初判方法[J]. 地震, 2011, 31(2):114 – 121.

[96] 崔光磊, 熊伟. 贝叶斯判别法在煤与瓦斯突出预测中的应用[J]. 煤炭工程, 2013, 45(3):96 – 98.

[97] 王洋喆, 郭忠林. 基于贝叶斯判别分析方法的岩爆烈度预测研究[J]. 矿产保护与利用, 2015(1):27 – 31.

[98] 杜筱筱, 马力, 孙跃. 绵阳城区空气质量预报方法研究[J]. 环境工程(增刊), 2017, 35:315 – 319, 324.

[99] WIKS S S. Mathematical Statistics[M]. New York: Wiley Press, 1962.

[100] BELHUMEUR P N. Eigen faces vs. Fisher faces: Recognition using class specific linear projection[J]. IEEE Transactions on Pattern Analysis and Machine Intelligence. 1997, 19(7):711 – 720.

[101] LIU K, CHENG Y Q, YANG J Y, et al. An efficient algorithm for Foley-Sammon optimal set of discriminant vectors by algebraic method[J]. International Journal of Pattern Recognition and Artificial Intelligence, 1992, 6(5):817 – 829.

[102] FOLEY D H, SAMMON J W. An optimal set of discriminant vectors[J]. IEEE Transactions on Computers, 1975, 24(3):281 – 289.

[103] DUCHENE L, LECLERCQ S. An optimal transformation for discriminant and principal component analysis[J]. IEEE Transactions on Pattern Analysis & Machine Intelligence, 1988.

[104] 付秋. 基于 Fisher 变换多尺度图像识别算法的设计和实现[D]. 武汉:华中科技大学, 2009.

[105] 赵鹏辉. Fisher 得分法与 EM 算法在随机效应模型中的应用[J]. 大庆师范学院学报, 2012, 32(3):37 – 41.

[106] 李世原. 基于 Fisher 判别法的化工过程故障诊断算法研究[D]. 兰州:兰州理工大学, 2011.

[107] 崔法毅. 改进的 Fisher 鉴别分析两步算法研究及其在人脸识别中的应用[D]. 秦皇岛:燕山大学, 2012.

[108] 汪鹏. 基于空间 Fisher 核框架的 Bag of Features 算法的研究与应用[D]. 西安:西安电子科技大学, 2013.

[109] 方万胜. 核 Fisher 方法及其组件在图像识别中的应用研究[D]. 无锡:江南大

学，2013.

[110] 李萌. 基于特征选择的 Fisher 向量在图像分类中的应用[D]. 北京：北京交通大学，2014.

[111] 钱丽丽，冷候喜，张爱武，等. 基于 Fisher 判别法对黑龙江大米产地溯源[J]. 食品与发酵工业，2017，43(5):203－207.